EDWARD WARD & RONNY BAR

DEUTSCHE KAMPF-FLUGZEUGE

im Ersten Weltkrieg 1914 – 1918

WIELAND

Edward Ward & Ronny Bar

Deutsche Kampfflugzeuge

im Ersten Weltkrieg 1914-1918

Titel der Originalausgabe: German Aircraft of World War I – 1914-1918

Lektorat: Michael Spilling
Design: Mark Batley
Bildredaktion: Terry Forshaw

1. Auflage der deutschen Ausgabe, 2025

ISBN 978-3-948264-30-7

Ins Deutsche übersetzt von: Rolf Stünkel
Layout der deutschen Ausgabe: Caroline Wydeau
Lektorat: Birgit Arnold
Schlussredaktion: Karola Wieland

Gesamtherstellung:
Print Consult GmbH
Oettingenstaße 23, D-80538 München
www.printconsult.de, info@printconsult.de

Printed in EU

FSC www.fsc.org
MIX
Papier | Fördert gute Waldnutzung
FSC® C106855

Fokker Dr.

INHALT

Anmerkung des Übersetzers:
Alle technischen Daten wurden mit größtmöglicher Sorgfalt geprüft und, sofern erforderlich, in metrische Maße übertragen. Die Daten entsprechen, soweit verfügbar, den Angaben der Hersteller und Betreiber. Abweichungen zu anderen Quellen sind möglich.

EINLEITUNG

Im Ersten Weltkrieg wandelten sich die deutschen Luftstreitkräfte von einer fast wirkungslosen Ansammlung von Flugzeugen und Luftschiffen zu einer äußerst schlagkräftigen Luftwaffe. Am Ende des Krieges war Deutschland auf praktisch allen Gebieten der militärischen Luftfahrt weltweit führend.

Das wichtigste Vermächtnis deutscher Luftoperationen im Ersten Weltkrieg ist das Kampfflugzeug. Deutschland verfügte mit dem Fokker Eindecker über das erste echte Jagdflugzeug der Welt, seine Wirkung war unmittelbar und kampfentscheidend. Die Idee spezieller Jagdstaffeln kam Anfang 1916 auf. Damals gehörten die als Paar oder zu dritt den Feldfliegerabteilungen zugewiesenen Eindecker reinen Kampfflugzeug-Staffeln an, die bald unter dem Namen Jagdstaffeln bekannt wurden. Der wichtigste Vertreter der Jagdfliegerei dieser prägenden Zeit war Oswald Boelcke. Seine acht Punkte für den taktischen Luftkampf, die „Dicta Boelcke", wurden bei allen Luftstreitkräften verteilt und an der Jägerschule gelehrt, deren Gründung er selbst angeregt hatte. Die deutschen Jagdflieger waren immer dann am erfolgreichsten, wenn ihre Ausrüstung ihrem Können entsprach. So wurden die Eindecker zur „Fokker-Geißel", die Vorherrschaft der Albatros-Jäger Anfang 1917 führte zum „Blutigen April" des Royal Flying Corps. Und die überragende Leistung der Fokker D.VII im Jahr 1918 sorgte für die Forderung der Alliierten, ihnen bei Kriegsende alle Exemplare zu überlassen.

Während der letzten beiden Kriegsjahre hatten sich die Jagdstaffeln zu sogenannten „Fliegenden Zirkussen"

Der Eindecker Junkers D.I wurde gegen Ende des Kriegs in Dienst gestellt. Das Ganzmetallflugzeug mit modernen freitragenden Flügeln war ein Vorläufer künftiger Militärflugzeuge, dessen Merkmale erst 20 Jahre später zum Standard gehören sollten.

Die AEG G.II gehörte zu den ersten großen „Schlachtflugzeugen“ des deutschen Heers. Sie war langsam und schwerfällig und wurde nur etwa 20 Mal gebaut, bleibt aber vor allem als das erste Einsatzflugzeug Manfred von Richthofens in Erinnerung, der als Roter Baron berühmt wurde.

entwickelt. Diese Bezeichnung verdankten sie auch ihrer hohen Mobilität, da sie in Zelthangars untergebracht waren und häufig verlegt wurden. Die Jagdstaffeln waren nur ein kleiner Teil der Frontflugzeuge im Westen und konnten so schnell an jeden Ort verlegt werden, wo sie gebraucht wurden. „Wie im Zirkus“ waren tatsächlich auch die Flugzeuge selbst, denn nie zuvor oder danach verwendete eine Luftwaffe eine so schillernde Vielfalt an individuellen Farbgebungen. An der Spitze der Jagdstaffeln stand die Jasta 11 unter dem Kommando des Roten Barons Manfred von Richthofen, der ein komplett rotes Flugzeug flog und zum erfolgreichsten Jagdflieger des Kriegs wurde. Die Neigung zur aufwendigen und individuellen Verzierung fand sich nicht nur in den Jagdverbänden. Auch Aufklärer, Angriffsflugzeuge und selbst große Bomber erhielten großzügige Dekorationen nach den persönlichen Vorlieben ihrer Besatzung.

Die meisten Jagdverbände waren preußisch, aber wegen des föderalen Charakters des Deutschen Reichs unterhielten Länder wie Bayern Armeen als technisch eigenständige Einheiten, mit eigenen Versorgungsketten und eigener Ausrüstung. An der Ostfront waren weniger Kampfflugzeuge im Einsatz. Die Deutschen konnten diesen Vorteil nutzen und beispielsweise Jagdverbände, die in Flandern nicht recht zum Zuge kamen, erfolgreich im Osten einsetzen.

STRATEGISCHE BOMBER

Deutschland hatte beim Einsatz strategischer Bomber ebenfalls eine Pionierrolle inne. Es war das erste Land, das eine Bombe auf eine feindliche Hauptstadt abwarf und erstmals Langstreckenbombardements mit starren Luftschiffen (den großen, gefürchteten Zeppelinen) flog, später auch mit Flugzeugen der Gotha-Werke und den Riesen von Zeppelin-Staaken. Auf taktischem Gebiet verfügten die deutschen Luftstreitkräfte über die wohl besten Bodenangriffsflugzeuge der Welt, die CL-Serie und die gepanzerten J-Typen (Vorläufer der sowjetischen Sturmowik im Zweiten Weltkrieg), und setzten diese effektiver und koordinierter zur Nahunterstützung ein als die westlichen Alliierten. Dank ihrer herausragenden Höhenleistung konnten die deutschen Aufklärungsflugzeuge weitgehend ungehindert operieren. Besonders die erstklassige Rumpler C.IV war ein von alliierten Jägern kaum abzufangender Gegner.

Das Deutsche Reich besaß als eine der größten Landmächte Europas weniger See- als Heeresflugzeuge. Die Kaiserliche Marine verfügte aber über Jagdgeschwader und hervorragende Wasserflugzeuge an der Front, die sich mit britischen Flugbooten weit draußen über der Nordsee duellierten. Ebenso wurden in der Marine als erstes „Riesenbomber“ eingesetzt, und sie war während des Kriegs der wichtigste Nutzer von Zeppelinen.

Der spätere Oberbefehlshaber der Luftwaffe, Hermann Göring, Anfang 1918 in einer Fokker Dr.I der Jagdstaffel 27. Göring erzielte im Krieg 22 offizielle Luftsiege.

EINSITZIGE KAMPFFLUG-ZEUGE

Seit dem Auftauchen der ersten Jagdflugzeuge im Jahr 1915 dominierten die Fokker-Eindecker den Luftkampf. Ihre Zahl war allerdings unbedeutend im Vergleich zu den während des Kriegs in Massen produzierten Albatros-Jagdflugzeugen und der überragenden Fokker D.VII von 1918. Ebenso wurden auch viele andere, weniger verbreitete Jagdflugzeuge unterschiedlicher Qualität von den Luftstreitkräften eingesetzt.

DIESES KAPITEL BEHANDELT FOLGENDE FLUGZEUGE:

- Albatros D.I & D.II
- Albatros D.III
- Albatros D.V & D.Va
- Fokker frühe D-Typen
- Fokker D.III
- Fokker D.V
- Fokker D.VI
- Fokker D.VII
- Fokker D.VIII / Fokker E.V
- Halberstadt D.II, D.III & D.V
- Junkers D.I
- Roland D.II & D.IIa
- Roland D.VIa & D.VIb
- Pfalz D.III & D.IIIa
- Pfalz D.VIII
- Pfalz D.XII
- Siemens-Schuckert D.I
- Siemens-Schuckert D.III
- Siemens-Schuckert D.IV
- Fokker Dr.I
- Fokker Eindecker
- Pfalz E-Typen

Albatros D.I & D.II

Die D.I wurde nur in relativ geringen Stückzahlen produziert. Sie entpuppte sich gleich zu Beginn als das wohl beste Jagdflugzeug der Welt und diente als Vorbotin der in riesigen Schwärmen auftretenden Albatros-Jäger, die 1917 zum wichtigsten Flugzeugtyp der Jastas wurden.

Robert Thelen hatte die Albatros D.I als Ersatz für die erfolgreiche Fokker Eindecker entworfen. Die moderne Konstruktion geriet zu einem Präzedenzfall, bei dem Geschwindigkeit und Steigleistung mehr zählten als Wendigkeit. Sie war auch deshalb bedeutsam, weil sie die Bordbewaffnung der deutschen Jäger mit ihren beiden synchron durch die Nase feuernden, luftgekühlten MG 08/15 faktisch verdoppelte und damit allen alliierten Jägern überlegen war. Die ältere Fokker E.IV hatte zwar auch bereits zwei, gelegentlich drei Maschinengewehre, doch die D.I bot als erstes Flugzeug eine derartige Feuerkraft in Kombination mit einem robusten Rumpf und einem starken und zuverlässigen Motor.

UNKONVENTIONELLES DESIGN

Bei ihrem Erscheinen im Sommer 1916 wirkte die D.I etwas unorthodox. Ihr Halbschalen-Sperrholzrumpf war leichter und stabiler als die damals übliche Struktur mit Stoffbeplankung. Sie war leichter in Stromlinienform zu bauen, was sie stark von den älteren Eindeckern unterschied. Die jeweiligen Motoren des neuen Jagdflugzeugs, der Mercedes D.III mit 160 PS oder der Benz Bz III mit 150 PS, waren die damals leistungsstärksten in Deutschland. Wegen ihrer Größe hatte man sie anfangs nicht ernsthaft für Jagdflugzeuge in Betracht gezogen. Sie besaßen zwei Windhoff-Ohrenkühler an den Rumpfseiten, die die Stromlinienform etwas störten.

Die D.I bestand nach dem Erstflug im Juni 1916 rasch ihre offiziellen Tests und wurde ab August zu den Fronteinheiten gebracht. Die Auslieferungen verliefen anfangs sehr schleppend, und es dauerte bis zum Herbst, bis die Flugzeuge in größerer Stückzahl zur Verfügung standen. Als im November etwa 50 Stück ausgeliefert waren, hatte man die Produktion bereits auf die D.II umgestellt.

Die ersten Albatros D.I erreichten etwa zu einer Zeit die Front, als die fliegenden Einheiten neu organisiert wurden. Dies führte zur Bildung der ersten deutschen Jagdstaffeln. Jasta 2 war die erfolgreichste der ersten sechs, ihr erster Kommandeur war der später berühmte Oswald Boelcke. Anfangs wurden noch verschiedene Flugzeugtypen eingesetzt. Die Erstausrüstung der Jasta 2 bestand aus einer Albatros und zwei Fokker D.III. Neue Flugzeuge gingen im Allgemeinen an die erfahrensten Piloten, Jasta 2 machte da keine Ausnahme. Boelcke flog

Albatros D.I

Bei ihrem Kampfdebüt im Sommer 1916 war die Albatros D.I das wohl weltbeste einsitzige Jagdflugzeug. Dieses Exemplar der Jasta 2 flog Karl Büttner, daher das „Bü“ auf dem Rumpf. Es wurde am 16. November 1916 von einer BE2d zur Landung gezwungen und weitgehend unbeschädigt erbeutet. Büttner wurde gefangen genommen.

Albatros D.I
Diese Albatros D.I gehörte sehr wahrscheinlich zur Jasta 5. Sie wurde von Karl Spitzhoff geflogen, dessen persönliches Emblem vermutlich der dreizackige Stern war. Irgendwann wurden das Seitenleitwerk und das Seitenruder in demselben Blau wie die Unterseite lackiert, während die weiße Seriennummer auf einem eigenen kleinen Streifen Tarnung verblieb.

die einzige Albatros D.I der Einheit. Die Kombination aus Deutschlands erfahrenstem Jagdflieger und dem besten Jagdflugzeug zeigte sofort Wirkung: Boelcke erzielte sieben Siege, bevor ein anderer auch nur einen einzigen Abschuss geschafft hatte.

Die D.I war schlagkräftig und übertraf bei weitem die Leistungen der Nieuport und DH.2 der Alliierten. Diese konnten die Albatros zwar relativ leicht ausmanövrieren, doch der D.I-Pilot bestimmte das Kampfgeschehen. Sein Flugzeug hatte die nötige Geschwindigkeit und Sturzflugfähigkeit zum Entkommen. Die D.I konnte außerdem mit der Feuerkraft ihrer zwei Maschinengewehre mehr Geschosse ins Ziel bringen, was die Wahrscheinlichkeit eines Luftsiegs mit jedem präzisen Schuss verdoppelte.

ALBATROS D.I

Abmessungen	Länge 7,40 m Spannweite 8,50 m Höhe 2,95 m
Startgewicht max.	898 kg
Antrieb	1 x flüssigkeitsgekühlter Benz-Bz.II -6-Zylinder-Reihenmotor mit 150 PS oder 1 x flüssigkeitsgekühlter Mercedes-D.III-6-Zylinder-Reihenmotor mit 160 PS
Höchstgeschwindigkeit	175 km/h
Reichweite/Flugzeit	230 km / 2,0 Stunden
Dienstgipfelhöhe	6.000 m (19.685 ft)
Besatzung	1
Bewaffnung	2 x 7,92-mm-lMG-08/15

PRODUKTIONSMÄNGEL

Die Piloten waren mit der D.I sehr zufrieden. Bemängelt wurde lediglich, dass der obere Flügel die Sicht aus dem Cockpit zu sehr behinderte. Das Problem konnte mit der Albatros D.II gelöst werden: Ihre obere Tragfläche war um 36 Zentimeter abgesenkt, sodass sie bei direktem Blick nach vorn näher im Blickfeld des Piloten lag. Sie war im Verhältnis zur unteren Tragfläche weiter nach vorn versetzt als bei der D.I. Ansonsten waren die beiden Flugzeuge baugleich, und die Produktionsumstellung auf die Albatros D.II erfolgte schnell.

Spätere D.II bekamen einen mittig auf dem oberen Flügel montierten Teves-und-Braun-Kühler statt der am Rumpf montierten Radiatoren. IdFlieg hatte die „Ohren"-Kühler verboten, da ihr Unterteil etwas unterhalb vom Triebwerk saß. Durchschlug ein Treffer den Kühler, konnte durch die Schwerkraft das gesamte Kühlsystem leerlaufen und den Motor ausfallen lassen. Der neue Kühler war wie ein Flügel geformt und passte sich dem Profil der Tragfläche an. Diese Konstruktion war zwar wesentlich strömungsgünstiger, brachte aber ein neues Problem mit: Bei einem Durchschuss des Kühlers spritzte das kochende Wasser direkt ins Gesicht des Piloten.

Albatros D.II
Die D.II 386/16 flog Oswald Boelcke, der wohl einflussreichste deutsche Jagdflieger. In Werkslackierung und ohne persönliche Abzeichen, abgesehen von Staffelführerbändern an den Streben, war dies das erste Albatros-Flugzeug mit einem Kühler in der oberen Tragfläche und nicht an den Rumpfseiten. Boelcke kam im Oktober 1916 bei einem Zusammenstoß mit einer anderen D.II in diesem Flugzeug ums Leben.

Albatros D.II
Josef Jacobs flog als einer der ersten Jagdflieger sowohl Eindecker als auch die Fokker D.II, bevor man ihm die wesentlich leistungsfähigere Albatros D.II zur Verfügung stellte. Das Flugzeug mit seinem Spitznamen „Kobes“ ist ein Beispiel für die aufwendige private Farbgebung, wie sie bald zahllose deutsche Piloten übernahmen.

LUFTÜBERLEGENHEIT

Die D.II war das erste in größerer Stückzahl produzierte Albatros-Jagdflugzeug. Bis zur Produktionsumstellung auf die D.III im Laufe des Jahres 1916 entstanden 291 Exemplare, davon 16 für Österreich-Ungarn in Lizenz bei der Oeffag. Die D.II blieb bis zur Einführung der D.III im Dezember das beste Kampfflugzeug der Jastas.

Gemeinsam mit der etwa gleich leistungsfähigen D.I rangen die Albatros-Jäger den Nieuport und DH.2 der Alliierten die Luftüberlegenheit ab, und viele der erfolgreichsten deutschen Kampfflieger erzielten einen Teil ihrer ersten Siege auf einer D.II.

Ein besonderes Gefecht fand am 23. November 1916 statt. Der spätere Fliegerheld Manfred von Richthofen lieferte sich einen langen Luftkampf mit dem siebenfachen Luftsieger des RFC und Victoria-Kreuz-Träger Lanoe Hawker. Obwohl der Brite mit seiner DH.2 von Richthofen in seiner D.II übertreffen konnte, musste er wohl wegen Treibstoffmangels den Kampf abbrechen und versuchte, nach Hause zu entkommen. Die überlegene Geschwindigkeit der Albatros verhinderte Hawkers Flucht und von Richthofens Kugeln, von denen er bereits 900 auf den Gegner abgefeuert hatte, fanden letztlich ihr Ziel. Hawker war von Richthofens elftes Opfer.

Albatros D.III

Die Albatros D.III war das erste echte Serien-Jagdflugzeug Deutschlands und bewirkte im Frühjahr 1917 maßgeblich die Lufthoheit der Jastas. Bei allem Erfolg hatte sie aber einen fatalen Konstruktionsfehler.

IdFlieg war von den erstaunlichen Kampfleistungen der Nieuport 17 beeindruckt und forderte, die besten Eigenschaften dieses französischen Flugzeugs in die neuesten Pläne deutscher Jagdflugzeugkonstruktionen einfließen zu lassen. In den Albatros-Werken entschied sich Robert Thelen dafür, den Rumpf der D.II mit dem Anderthalbdecker-Konzept der Nieuport zu verbinden, deren unterer Flügel eine hohe Streckung und nur einen Holm hatte. Bald nach der D.II erschien im Sommer 1916 die Albatros D.III. Man vermutet, dass ihr Erstflug Ende August oder Anfang September stattfand. Bekannt ist, dass sie ihre Typenprüfung am 26. September 1916 bestand und von IdFlieg eine Order über 400 Stück erteilt wurde. Es war der bis dahin größte deutsche Bauauftrag.

Das neue Flugzeug war gut durch seine V-förmigen Flügelstreben von den D.I und D.II mit ihren parallelen Streben zu unterscheiden, britische Flieger nannten sie „Vee-Strutter“. Wie bei den späteren D.II war der Kühler zunächst im Mittelteil des oberen Flügels untergebracht. Da der Pilot bei einer Beschädigung im Kampf jedoch mit kochendem Wasser verbrüht werden konnte, verlegte man den Kühler sinnvollerweise an den Steuerbordflügel.

Die D.III war leistungsfähiger als die D.I und D.II und konnte vor allem besser steigen. Durch ihre größere Wendigkeit hätte die D.III eigentlich den Himmel über der Westfront beherrschen müssen, doch ein fatales Strukturproblem machte diese Hoffnungen kurz nach ihrer Indienststellung im Dezember 1916 zunichte.

ALBATROS D.III

Abmessungen	Länge 7,33 m Spannweite 9,05 m Höhe 2,98 m
Startgewicht max.	886 kg
Antrieb	1 x flüssigkeitsgekühlter Mercedes-D.III-6-Zylinder-Reihenmotor mit 160 PS
Höchstgeschwindigkeit	175 km/h
Reichweite/Flugzeit	310 km / 2,0 Stunden
Dienstgipfelhöhe	4.877 m (18.000 ft)
Besatzung	1
Bewaffnung	2 x 7,92-mm-lMG-08/15

Albatros D.III
Dieser auffallend rot-blaue Rumpf war die Standard-Farbgebung der Jasta 18. Jeder Pilot war an einem persönlichen weißen Abzeichen zu erkennen, wie hier die Axt von Paul Strähle. Er überlebte den Krieg nach 15 Luftsiegen und gründete 1921 ein Luftbildunternehmen, das zwischen den Weltkriegen sehr erfolgreich war.

Albatros D.III
Ein anderer bedeutender D.III-Pilot war Werner Voss. Man verbindet ihn wie von Richthofen eher mit der Fokker Dreidecker, doch er errang die meisten Luftsiege auf Albatros-Jägern. Voss flog diese D.III mit Hakenkreuz und Herzen bei der Jasta 2.

FATALER KONSTRUKTIONSFEHLER

Ein großer Vorteil des Anderthalbdeckers mit der relativ schmalen Sehne seines unteren Flügels ist die deutlich bessere Sicht nach unten. Die Nieuport 17 war allerdings dafür berüchtigt, dass sich der untere Flügel unter bestimmten Flugbedingungen um seinen Holm drehte und schließlich zerbrach. Er wurde daraufhin verstärkt. Die Albatros D.III war fast doppelt so schwer wie die zierliche Nieuport, und ihr Motor knapp doppelt so stark wie der französische Le-Rhone-Umlaufmotor. Dies erhöhte die auf die Zelle wirkenden aerodynamischen Kräfte und verschärfte die Probleme bei der deutschen Maschine.

Am 23. Januar 1917 brach der untere rechte Flügelholm einer D.III der Jasta 6. Am Tag danach geschah das Gleiche auf Manfred von Richthofens brandneuer D.III, und zwei weitere Piloten gingen durch Bruch des unteren Flügels verloren. Drei Tage später wurden alle D.III bis zur Untersuchung des Problems aus dem Verkehr gezogen, sodass die Jasta auf ältere Albatros D.II sowie Halberstadt D.II zurückgreifen musste.

Albatros D.III
Die Kaiserliche Marine ging mit fünf landgestützten Jagdstaffeln ins europäische Kampfgeschehen. Josef Rowe von der Marine Feld Jagdstaffel I flog diese D.III. Er hatte im Juni 1917 von der Aufklärungseinheit Feld Abteilung 33 zur MFJ I gewechselt und erzielte mit dem Flugzeug zwei Luftsiege.

Albatros D.III

Die bei OAW gebauten D.III hatten größere, abgerundete Ruder, die später bei der D.V übernommen wurden. Dieses Exemplar war das Flugzeug von Erich Loewenhardt von der Jasta 10. Er erzielte im Krieg 54 bestätigte Luftsiege.

Albatros D.III

Obwohl Manfred von Richthofen beinahe durch einen Holmschaden der D.III ums Leben gekommen wäre, flog er diesen Typ am häufigsten und errang mit ihm 23 seiner 80 bestätigten Luftsiege. Alliierte Flieger gaben Richthofens D.III den Spitznamen „Le Petit Rouge“.

Das Flügelholm-Problem sorgte für Verwirrung, da diese Konstruktion vor der Produktion gründlichen Belastungstests unterzogen worden war und dabei eine mehr als ausreichende Festigkeit aufgewiesen hatte. Aber diese statischen Tests fanden am Boden statt, und die aerodynamischen Belastungen des Flügels konnten nicht berücksichtigt werden. Man vermutete daher, dass die Brüche auf Qualitätsprobleme der Albatros-Fabrik in Johannisthal zurückzuführen waren. Im Februar führte Albatros einen verstärkten unteren Flügel ein, der die Situation etwas verbesserte. Das Flugverbot wurde daher aufgehoben, obwohl auch weiterhin Ausfälle auftraten. So verunglückte Wilhelm Frankl, Kommandeur der Jasta 4, 20-facher Luftsieger und Träger des Blauen Max, als seine D.III im Kampf mit mehreren Bristol F.2 nach einem vermuteten Schaden am unteren Flügel am 8. April 1917 in der Luft auseinanderbrach.

DER ROTE BARON

Man kann sich leicht ausmalen, welche Auswirkungen dieses strukturelle Risiko auf die Piloten an der Front hatte. Die D.III war dennoch äußerst erfolgreich und trug maßgeblich dazu bei, dass die Deutschen Anfang 1917 die Lufthoheit zurückgewinnen konnten. Die Piloten wurden ermahnt, längere Sturzflüge mit der D.III zu unterlassen. Das beseitigte das Problem nicht ganz, brachte es aber zumindest weitgehend unter Kontrolle.

Die D.III galt als leicht zu fliegen, und einige Piloten waren mit ihr besonders erfolgreich und brachten immer üppigere persönliche Abzeichen am Rumpf an. Manfred von Richthofen ließ seine D.III Anfang 1917 zum ersten Mal ganz in Scharlachrot lackieren, was ihm den Spitznamen Roter Baron einbrachte.

ÜBERLEGENES JAGDFLUGZEUG

Die D.III war nachweislich allen alliierten Jägern mit Ausnahme der Sopwith Triplane und der SPAD S.VII überlegen. Diese Flugzeuge waren etwa gleich leistungsfähig, standen allerdings Anfang 1917 nur in geringer Stückzahl zur Verfügung. In der Schlacht von Arras im April 1917 waren die deutschen Jäger so dominierend, dass die Briten im Laufe des Monats insgesamt 245 Flugzeuge und etwa 400 Besatzungsmitglieder verloren. Mehr als ein Drittel der britischen Verluste ging auf das Konto von von Richthofens Jasta 11. Zum Vergleich: In den gesamten fünf Monaten der Somme-Schlacht hatten die Briten 576 Verluste erlitten. Die Auswirkungen auf die britische Moral erinnerten an die „Fokker-Geißel" ein Jahr zuvor, und die aktuelle Lage ging als „Blutiger April" in die Geschichte ein.

Mit Einführung der SPAD S.XIII, der Sopwith Camel und der SE.5a in den beiden folgenden Monaten wendete sich das Blatt schließlich zugunsten der Alliierten. Die D.III verblieb weiterhin noch bis zum Sommer 1918 im Fronteinsatz.

Albatros lieferte aus seinem Werk in Johannisthal 500 D.III. Die Produktion wurde anschließend zu der Tochtergesellschaft Ostdeutsche Albatros Werke (OAW) in Schneidemühl verlegt, da sich Johannisthal auf die D.V konzentrieren sollte. Zwischen Juni und Dezember 1917 entstanden bei OAW weitere 848 D.III. Die Oeffag in Österreich-Ungarn baute das Muster in Lizenz mit einem stärkeren Austro-Daimler-Motor.

Die Oeffag-Ingenieure kannten das Problem mit den Flügelholmen. Sie verstärkten zur Behebung Rippen und Holmflansche und stellten fest, dass das Flugzeug ohne die große Propeller-Nabenhaube auch schneller flog. Mit diesen und weiteren Detailänderungen entstanden bis Kriegsende etwa 526 D.III, die sich im Einsatz als robust und beliebt erwiesen. 38 Exemplare dienten während des polnisch-sowjetischen Kriegs (1919–1920) bei der im Aufbau befindlichen polnischen Luftwaffe. Dort schätzte man die D.III so sehr, dass Polen ein Dankschreiben an die Oeffag-Werke richtete.

Albatros D.III

Diese bei OAW gebaute D.III mit Bonbonstreifen gehört zu den am auffälligsten dekorierten Militärflugzeugen aller Zeiten. Sie wurde von Josef Loeser geflogen, dem Kommandeur der Jasta 46. Loesers Laufbahn war leider weniger eindrucksvoll als sein Flugzeug. Er errang zwei Siege und starb am 3. Juni 1918 im Kampf.

Albatros D.V & D.Va

Die Leistungen der Albatros D.V waren kaum besser als die ihrer Vorgängerin D.III. Obwohl sie die gleichen großen strukturelle Probleme hatte, wurde sie wie die überarbeitete D.Va in großen Stückzahlen produziert und bis zum Waffenstillstand eingesetzt.

Albatros D.V
Die befreundeten Unteroffiziere Fritz Rumey, Josef Mai und Otto Könnecke waren wegen ihrer zahlreichen Siege als „Goldenes Triumvirat" der Jasta 5 bekannt. Sie vernichteten zusammen 110 Flugzeuge, Rumey, dessen D.V hier abgebildet ist, allein 45.

Im April 1917 beherrschte die D.III den Luftraum an der Westfront. In der Zwischenzeit hatte Robert Thelen von den Albatros Flugzeugwerken die durchaus gelungene Weiterentwicklung D.IV entworfen. Diese verband die bewährte Flügelstruktur der D.II mit einem neuen stromlinienförmigeren, elliptischen Rumpf. Leider verzögerte sich die Auslieferung des dafür vorgesehenen neuen Mercedes-Getriebemotors, und als er schließlich kam, funktionierte er nicht zufriedenstellend. Die Führung hatte schon kein Interesse mehr an der D.IV. Da viele alliierte Jagdflugzeuge in der Entwicklung waren und IdFlieg die Vormachtstellung ihrer Jäger halten wollte, forderte man bei Albatros eine „Leichtversion" der D.III an. So entstand die D.V, deren Prototyp noch im selben Monat den Erstflug machte.

PROTOTYP

Der Prototyp der D.V besaß 50 Kilogramm weniger Leermasse als die D.III und ähnelte äußerlich stark seiner Vorgängerin. Die auffälligsten Neuerungen waren der von der D.IV übernommene, ohne die abgeflachten Seiten der D.III nun vollkommen elliptische Rumpf und der zwölf Zentimeter näher am Rumpf sitzende obere Flügel. Auch die Bauchflosse hatte eine größere Fläche, ansonsten entsprach das Heck mit seinem elegant abgerundeten Seitenruder der OAW D.III (ihr Prototyp hatte freilich noch das Seitenruder der ersten in Johannisthal gebauten D.III). Zur Verbesserung der Stromlinienform kam eine Propeller-Nabenhaube mit größerem Durchmesser hinzu. Die Flügel glichen äußerlich denen der D. III. Der einzige Unterschied war, dass die Querruderseile durch den oberen statt durch den unteren Flügel geführt wurden. Dieser besaß auch keine Übergangsverkleidung zum Rumpf wie die D.III. IdFlieg testete seltsamerweise nur die Struktur der neuen Rumpfkonstruktion, nicht die der Tragflächen. Sie erteilte Albatros im Juni einen

ALBATROS D.V

Abmessungen	Länge 7,33 m Spannweite 9,05 m Höhe 2,70 m
Startgewicht max.	915 kg
Antrieb	1 x flüssigkeitsgekühlter Mercedes-D.III-6-Zylinder-Reihenmotor mit 160 PS
Höchstgeschwindigkeit	170 km/h
Reichweite/Flugzeit	380 km / 2,0 Stunden
Dienstgipfelhöhe	6.500 m (21.325 ft)
Besatzung	1
Bewaffnung	2 x 7,92-mm-lMG-08/15

Albatros D.Va
Joachim von Hippel flog diese D.Va im Februar 1918 bei der Jasta 5. Er wurde mit dem Kunststück berühmt, eine D.Va mit einem fehlenden Flügel zu landen. Hippel überlebte trotz zahlreicher Unfälle mit Albatros D.V und D.Va den Krieg und flog während des Zweiten Weltkriegs Transportflugzeuge.

Auftrag über 900 D.V. Flugzeuge der ersten Produktionsserie besaßen eine große Kopfstütze, die aber die Sicht des Piloten einschränkte und meist wieder ausgebaut wurde. Spätere Flugzeuge hatten keine Kopfstütze mehr. Die D.V hatte wie die D.III einen Kühler im oberen rechten Flügel. Flugzeuge, die in wärmeren Klimazonen wie Palästina eingesetzt wurden, erhielten zwei Kühler, die jeweils an einer Seite der Flügelmitte angebracht waren.

STRUKTURPROBLEME

Die ersten D.Vs gingen im Juni 1917 an die Jastas und enttäuschten ihre Piloten durch ihre kaum verbesserten Leistungen. Dazu kam, dass die neue Albatros nicht geringere, sondern noch viel größere Strukturprobleme hatte als die D.III. Das Verwindungsproblem des einholmigen Flügels war nicht gelöst. Obendrein versagten häufig die äußeren Teile des oberen Flügels, was relativ einfach durch verstärkte Verstrebungen zu beheben war, und der leichtere Rumpf brach gelegentlich bei harten Landungen. Schwerwiegender war, dass die Verbindung zwischen unterem Flügel und Rumpf zu schwach ausgelegt war. Der gesamte untere Flügel konnte unter Belastung abreißen, was meist beim Abfangen eines Sturzflugs geschah.

IdFlieg führte sofort nachträgliche Strukturtests an den unteren Flügeln der D.V durch und fand zu ihrer großen Verwirrung heraus, dass deren Festigkeit mehr als ausreichend war. Die Flugleistungen im Kampf blieben immer weiter hinter denen ihrer Gegner zurück, sodass von Richthofen im Juli 1917 schrieb, die D.V sei „so veral-

Albatros D.Va
Jasta 26 führte diese auffällige Streifenlackierung ein. Bruno Loerzer flog die gezeigte D.Va im November 1917. Er wurde Im Februar 1918 zum Kommandeur des Jagdgeschwaders III befördert und überlebte den Krieg mit 44 Luftsiegen.

Albatros D.Va
Die weitgehend im Auslieferungszustand mit lasiertem Holz belassene D.Va Hasso von Wedels trägt sein makabres persönliches Kennzeichen, ein mittelalterliches Richtrad. Wedel errang bis zum Ende des Kriegs fünf Luftsiege. Er kehrte im Zweiten Weltkrieg in den Kampf zurück nahm auf Bf 109 an der Luftschlacht um England teil.

tet und den Engländern so lächerlich unterlegen, dass man mit diesem Flugzeug nichts anfangen kann".

FLÄCHENVERWINDUNG

Die D.Va bekam eine stärkere Struktur und die Flügel der D.III. Damit war sie schwerer als die D.III, auch wenn der Einbau des hochverdichteten Mercedes-D.IIIa diese Gewichtszunahme etwas ausglich. Die aerodynamischen Ursachen des Tragflächenproblems wurden damals kaum verstanden. Albatros führte aber bei der D.Va eine kleine Hilfsstrebe ein, die von der vorderen der beiden V-Tragflächenstreben („Vee", wie die Briten die Anordnung nannten) zur Vorderkante des unteren Flügels führte. Sie half, die Verwindung der Tragfläche zu beenden und verringerte die Zahl der Flügelbrüche. Obwohl das Problem nicht ganz verschwand, schien die Maßnahme erfolgreich genug für die Nachrüstung der aktiven D.V. Jeder Sturzflug mit einer Albatros machte den Piloten Sorgen, wie Ernst Udet in seinen Memoiren festhielt: „Wenn ich in einen steilen Sturzflug ging, schaute ich auf den unteren Flügel. Begann der zu flattern, wusste ich: Es war höchste Zeit zum Abfangen, wenn ich nicht meine Flügel verlieren wollte." Dies waren kaum Idealbedingungen für einen Kampfpiloten, und die Misserfolge setzten sich fort. Am 18. Februar 1918 verlor Hans Joachim von Hippel in 4.000 Metern Höhe den ganzen linken unteren Flügel seiner D.Va. Es gelang ihm, die Kontrolle zu behalten und das schwer angeschlagene Flugzeug zu landen. Ungeachtet der Probleme wurde die D.Va weiter produziert. Die Pfalz-Flugzeuge D.III und D.IIIa waren nicht leistungsfähiger, und die meisten Piloten bevorzugten trotz ihres zweifelhaften Rufs die Albatros.

Da auch die Fokker Dr.I Strukturprobleme zeigte, bot sich keine Alternative zur D.Va. IdFlieg hoffte, dass die große Zahl der Flugzeuge die Defizite ausgleichen würde. Ungeachtet dessen waren viele Piloten mit der Albatros sehr erfolgreich. Das lag daran, dass deutsche Jagdflieger meist erfahrener als ihre alliierten Gegner waren und viele potentielle Ziele antrafen. Mit der Fokker D.VII wurde die Albatros D.V überflüssig. Bei Einstellung ihrer Produktion im April 1918 flogen an der Westfront rund 1.000 D.V und D.Va. Es wurden im Laufe der folgenden Monate weniger, aber die Albatros blieb noch einige Zeit ein zahlenmäßig wichtiges Jagdflugzeug. Die meisten dienten nur noch zu Ausbildungszwecken, einige waren bis zum Ende des Kriegs im Fronteinsatz. Die Gesamtzahl der produzierten D.V und D.Va ist unbekannt, wird aber auf etwa 2.500 geschätzt.

ALBATROS D.Va

Abmessungen	Länge 7,33 m Spannweite 9,05 m Höhe 2,70 m
Startgewicht max.	937 kg
Antrieb	1 x flüssigkeitsgekühlter Mercedes-D.IIIa-6-Zylinder-Reihenmotor mit 180 PS
Höchstgeschwindigkeit	172 km/h
Reichweite/Flugzeit	350 km / 2,0 Stunden
Dienstgipfelhöhe	6.250 m (20.505 ft)
Besatzung	1
Bewaffnung	2 x 7,92-mm-lMG-08/15

Fokkers frühe D-Typen

Nach den überwältigenden Erfolgen der Eindecker enttäuschte die eher mittelmäßige Leistung der ersten Fokker-Doppeldecker-Jagdflugzeuge. Sie wurden dennoch in beträchtlichen Stückzahlen gebaut und von einigen der bekanntesten deutschen Jagdflieger geflogen.

Die D.I war verwirrenderweise eine neu motorisierte Version der D.II. Der Konstrukteur Martin Kreutzer hatte beide aus dem Eindecker E.IV entwickelt und dabei den hinteren Rumpf und das Höhenleitwerk übernommen. Die beiden neuen Doppeldecker unterschieden sich in der Wahl des Antriebs: Die D.II hatte einen 100 PS starken Oberurseler-U.I-Umlaufmotor, die D.I einen wassergekühlten Mercedes-D.II-Reihenmotor, der 120 PS leistete. Wie beim Eindecker verlief die seitliche Steuerung durch Verwindung der Flügel und nicht durch Querruder. Die Flugleistungen der D.I und D.II waren zum Leidwesen der Frontpiloten kaum besser als die der vorher genutzten Eindecker.

Beide Flugzeugmuster trafen im Sommer 1916 ein und waren der ausgezeichneten, dominierenden Nieuport 17 klar unterlegen. Da die Fokker-Doppeldecker weniger leisteten als die Albatros- und Halberstadt-Flugzeuge, wurden sie von den Jastas abgezogen, sobald genügend Albatros D.I und D.II zur Verfügung standen. Trotz allem wurden beachtliche 144 D.I und 177 D.II produziert, von denen viele an Österreich-Ungarn geliefert wurden.

STÄRKERER MOTOR

Fokker baute zur Leistungssteigerung einen 160 PS starken Mercedes D.III in eine strukturverstärkte D.I mit zwei Maschinengewehren ein. Das neue Flugzeug mit der Bezeichnung D.IV besaß als erstes Fokker-Produkt Tragflächen mit Querrudern. Auch dieses neue Muster war den Albatros-Jägern unterlegen und wurde nur in 40 Exemplaren ausgeliefert. Eine Handvoll dieser Flugzeuge ging nach Schweden.

Fokker D.II
Viele Piloten erzielten Abschüsse mit frühen Fokker-D-Typen, obwohl deren Flugleistungen nicht gerade überragend waren. Dieses Exemplar flog 1916 Josef Jacobs, 48facher Luftsieger, bei der Fokker-Staffel West. Jacobs ließ es später in dunkelblau lackieren, um in der Luft weniger aufzufallen.

Fokker D.II

„Dodo“ flog Ende 1916 bei der KESt 4b der Königlich Bayerischen Streitkräfte. Sie trägt am Seitenruder ein weißes Eisernes Kreuz auf schwarzem Grund und am vorderen Rumpf den für Fokker typischen, streifenförmigen grünen Stoff.

Fokker D.II

Diese D.II wurde im Jahr 1916 Fritz Grünzweig vom KEK Ensheim zugeteilt. Grünzweig gehörte zu den ersten Jagdfliegern, die ihre Flugzeuge aufwendig verzierten, in diesem Fall mit dem Gesicht eines Ungeheuers und drei stilisierten Beinen auf den Rädern.

FOKKER D.II

Abmessungen	Länge 6,40 m Spannweite 8,75 m Höhe 2,55 m
Startgewicht max.	575 kg
Antrieb	1 x luftgekühlter Oberursel-U.I-9-Zylinder-Umlaufmotor mit 100 PS
Höchstgeschwindigkeit	160 km/h
Reichweite/Flugzeit	200 km / 1,5 Stunden
Dienstgipfelhöhe	4.000 m (13.125 ft)
Besatzung	1
Bewaffnung	1 x 7,92-mm-lMG-08/15

Fokker D.III

Die D.III war etwas erfolgreicher als die Fokker-D-Typen, zeigte im Kampf aber ebenfalls nur mäßige Leistungen. Sie stand nur relativ kurz im Fronteinsatz.

Fokker D.III

Ernst Udet griff als Angehöriger der Jasta 15 zu einer List. Er ließ am Rumpf hinter dem Cockpit seiner Fokker D.III einen „Heckschützen" aus Blech oder Sperrholz anbringen, der alliierte Jäger von einem rückwärtigen Angriff abhalten sollte.

Die Fokker D.III hatte die robusten, zweifach verstrebten Tragflächen der D.I und den Rumpf der D.II. Als Antrieb diente der 14-Zylinder-Umlaufmotor U.III von Oberursel. Seine 160 PS erlaubten es, die Bewaffnung wie bei der Albatros D.I auf zwei Maschinengewehre zu erhöhen. Der Rumpf wurde für das zusätzliche Gewicht und die höhere Leistung verstärkt. Nach den Tests im Juli 1916 erteilte IdFlieg einen Auftrag über 50 Fokker D.III, gefolgt von weiteren 60 im August und 100 im November. Mit zwei Maschinen für die Jasta 2 begann die Auslieferung am 1. September.

SCHLECHTE FLUGLEISTUNGEN

Im Einsatz konnte die D.III nicht überzeugen. Der Führer der Jasta 2, Oswald Boelcke, hatte größten Einfluss auf die deutsche Jagdflugzeugentwicklung und empfahl, sie nur in ruhigeren Frontabschnitten einzusetzen. Ungeachtet dessen errang der vom Gegner gefürchtete Boelcke auf einer der ersten D.III sieben Siege in den ersten beiden Septemberwochen 1916. Die Steuerung um die Längsachse zeigte noch immer Beeinträchtigungen durch Flügelverwindung, weswegen die Manövrierfähigkeit enttäuschte. Der U.III-Motor erwies sich als genauso unzuverlässig wie zuvor in der E.IV. Er neigte zum Überhitzen und erreichte nur selten seine Nennleistung, sodass die D.III nicht die geforderte Geschwindigkeit erzielte. Und die D.III brachte erstmals Fokkers mangelndes Qualitätsbewusstsein ans Licht. Der Bruchtest eines D.III-Rumpfs im November 1916 zeigte, dass dieser nicht den offiziellen Anforderungen entsprach. IdFlieg ermahnte Fokker, doch die Flugzeuge wurden trotzdem weiterhin wegen Fertigungsmängeln aus dem Verkehr gezogen. Der Kommandierende General der Luftstreitkräfte (Kogenluft) zog die D.III schließlich von der Front ab, gestattete aber weiter ihren Bau und Einsatz in untergeordneten Einheiten. Spätere Flugzeuge erhielten Querruder. Die D.III diente bis Ende 1917 bei der Heimatverteidigung. Zehn an die Niederlande gelieferte D.III blieben noch bis 1921 im Einsatz.

FOKKER D.III

Abmessungen	Länge 6,30 m Spannweite 9,05 m Höhe 2,55 m
Startgewicht max.	710 kg
Antrieb	1 x luftgekühlter Oberursel-U.III-14-Zylinder-Umlaufmotor mit 160 PS
Höchstgeschwindigkeit	150 km/h
Reichweite/Flugzeit	220 km / 1,5 Stunden
Dienstgipfelhöhe	4.700 m (15.419 ft)
Besatzung	1
Bewaffnung	2 x 7,92-mm-lMG-08/15

Fokker D.V

Die D.V war kein sehr leistungsfähiger Jäger, diente aber lange und erfolgreich in ihrer Zweitrolle als Schulflugzeug.

Die D.V war eine Weiterentwicklung der D.II. Sie besaß einen aerodynamisch verbesserten Rumpf mit neuer Motorhaube, die den Motor vollständig umschloss, und eine große, stumpfe Haube auf der Propellernabe. Die Tragflächen waren deutlich gegeneinander versetzt, die obere für eine bessere Sicht des Piloten gepfeilt. Erstmals wurde ein Fokker-Jagdflugzeug über Querruder und nicht mehr durch Flügelverwindung um die Längsachse gesteuert, was die Handhabung schlagartig verbesserte. Wegen der relativ schwachen Motorisierung hatte die D.V nur ein lMG 08/15. Sie schien den früheren Fokker-Doppeldeckern deutlich überlegen, sodass IdFlieg sie im Oktober 1916 zur Produktion freigab. Mit 216 Exemplaren gehörte die D.V zu Fokkers meistgebautem Doppeldecker.

Bei ihrem Kampfdebüt an der Westfront im Januar 1917 zeigte sich die D.V als gut zu handhaben, war aber im Vergleich zu ihren Konkurrenten vor allem im Steigflug zu leistungsschwach. Die Jastas bevorzugten daher die deutlich stärkeren Albatros D.I und D.II, die zudem die doppelte Feuerkraft hatten. So wurde die D.V nach relativ kurzem Fronteinsatz in die zweite Reihe verbannt und bei Heeres- und Marineeinheiten als Abfangjäger in der Heimatverteidigung eingesetzt. Ihre gutmütigen Flugeigenschaften prädestinierten sie als Schulflugzeug für Jagdflieger, eine Rolle, die sie bis zum Kriegsende innehatte. Einige D.Vs kehrten Ende 1917 an die Front zurück und dienten Jastas zur Umschulung auf die neue Fokker Dr.I.

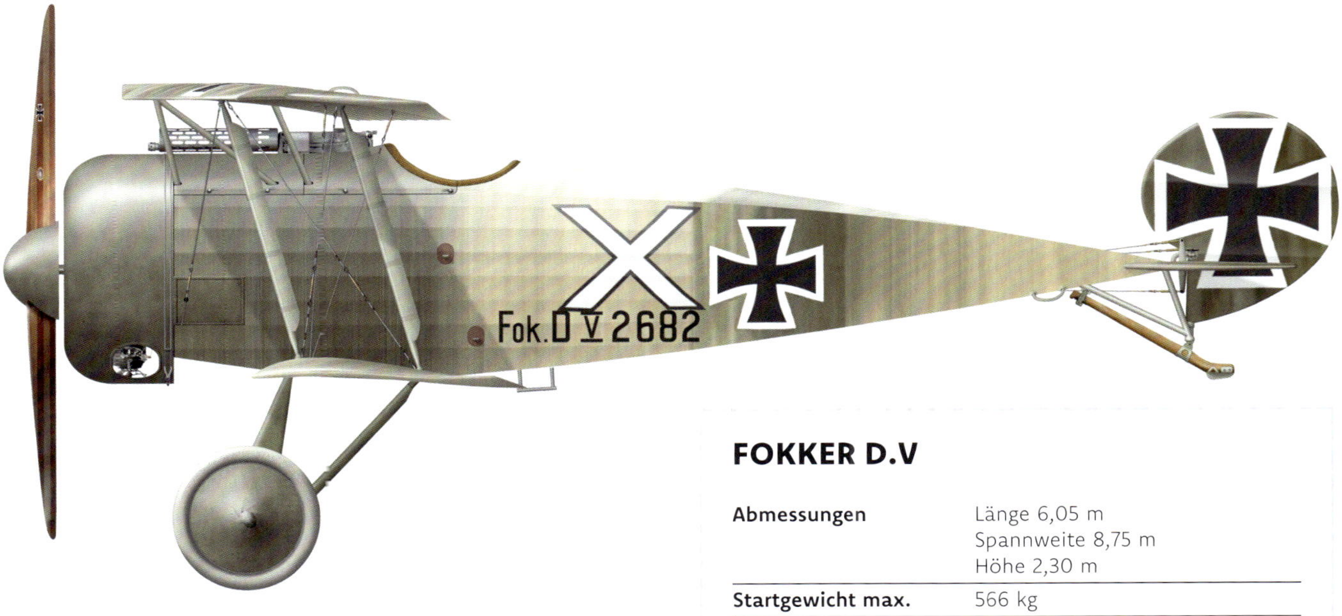

Fokker D.V
Die D.V flog als letzter von Fokkers mittelmäßigen Doppeldecker-Aufklärern in der Mitte des Kriegs zur allgemeinen Zufriedenheit, wirkte aber veraltet im Vergleich zu den neuesten Albatros-Jägern. Dieses Exemplar mit Fokkers Markenzeichen und Streifentarnung auf allen Oberseiten diente 1917 bei einer ungenannten Marineeinheit.

FOKKER D.V

Abmessungen	Länge 6,05 m Spannweite 8,75 m Höhe 2,30 m
Startgewicht max.	566 kg
Antrieb	1 x luftgekühlter Oberursel-U.I-9-Zylinder-Umlaufmotor mit 100 PS
Höchstgeschwindigkeit	170 km/h
Reichweite/Flugzeit	240 km / 1,5 Stunden
Dienstgipfelhöhe	5.000 m (16.400 ft)
Besatzung	1
Bewaffnung	1–2 x 7,92-mm-lMG-08/15

Fokker D.VI

Die D.VI war eigentlich ein hervorragendes Flugzeug mit guten Flugeigenschaften. Motorprobleme und der große Erfolg der D.VII führten aber dazu, dass sie lediglich in kleinen Stückzahlen gebaut wurde und nur begrenzt im Einsatz war.

Im Wesentlichen aus verkleinerten D.VII-Flügeln und einem überarbeiteten Rumpf der Dr.I bestehend, wurden 1917 zwei Fokker-V.13-Prototypen fertig. Das Datum des Erstfluges ist nicht überliefert. Fest steht, dass beide Flugzeuge Ende Januar 1918 an einem Vergleichsflug in Adlershof teilnahmen. Und obwohl dabei einer der neuen Jäger beim Rollen in nebligem Wetter versehentlich mit einer Albatros D.V kollidierte, wurde die V.13 als bestes Umlaufmotor-Jagdflugzeug ausgezeichnet und als D.VI zur Fertigung freigegeben.

MOTOREN-VERFÜGBARKEIT

Die Auslieferung der D.VI begann im April 1918. Aber der geplante 183-PS-Goebel-Goe.III-Motor war noch in einem frühen Entwicklungsstadium und nicht in ausreichender Stückzahl verfügbar. So sind nur zwölf D.VI mit diesem Antrieb aufgelistet. Man war gezwungen, die meisten Serienflugzeuge mit dem Ur.II auszurüsten, einem in Lizenz gebauten Le Rhône 9J. Er war deutlich schwächer, was sich auch auf die Flugleistungen auswirkte. Und die Zuverlässigkeit der deutschen Umlaufmotoren nahm im Kriegsverlauf durch den Mangel an Rizinusöl-Schmierstoff weiter ab.

Ein synthetischer Ersatz namens „Voltol" konnte mit Rizinusöl nicht mithalten, die Lebensdauer der Motoren sank rapide. Fokker stellte die Produktion der D.VI schließlich im August nach dem 59. Exemplar ein, um sich ganz auf die ausgezeichnete und heiß begehrte D.VII zu konzentrieren. So gelangte die D.VI nur in geringer Zahl zu Fronteinheiten. Sie war angenehm zu fliegen, besaß bessere Manövriereigenschaften und etwas mehr Tiefflug-Leistung als die D.VII, doch bis September 1918 waren alle verbliebenen Flugzeuge zur Ausbildung und Heimatverteidigung abgezogen worden.

FOKKER D.VI

Abmessungen	Länge 6,23 m Spannweite 7,65 m Höhe 2,55 m
Startgewicht max.	585 kg
Antrieb	1 x luftgekühlter Oberursel-Ur.II-9-Zylinder-Umlaufmotor mit 110 PS
Höchstgeschwindigkeit	197 km/h
Reichweite/Flugzeit	300 km / 1,5 Stunden
Dienstgipfelhöhe	6.000 m (19.685 ft)
Besatzung	1
Bewaffnung	2 x 7,92-mm-lMG-08/15

Fokker D.VI
Der fünffache Luftsieger Kurt Seit von der bayerischen Jasta 80b flog diese Fokker D.VI im Jahr 1918. Auf der Vorderseite der Motorhaube ist ein breit grinsendes Gesicht zu sehen. Seit überlebte den Krieg und wurde passenderweise später Zahnarzt.

Fokker D.VII
Die stoffbespannten Rümpfe der ersten D.VII waren im Fokker-typischen Oliv lackiert, das aber bald durch ein buntes Rautentarnmuster ersetzt wurde. Dieses Exemplar flog der zehnfache Luftsieger Willi Gabriel. Er hatte bereits 1912 im Alter von 19 Jahren ein eigenes Flugzeug gebaut und geflogen, und seine späteren Erfahrungen als Unteroffizier-Pilot bei den klassenbewussten Luftstreitkräften gaben die Anregungen zum Film „Der blaue Max" von 1966.

FOKKER D.VII (FRÜHE PRODUKTION)

Abmessungen	Länge 6,95 m Spannweite 8,90 m Höhe 2,75 m
Startgewicht max.	906 kg
Antrieb	1 x flüssigkeitsgekühlter Mercedes-D.III-6-Zylinder-Reihenmotor mit 160 PS
Höchstgeschwindigkeit	188 km/h
Reichweite/Flugzeit	350 km / 1,5 Stunden
Dienstgipfelhöhe	6.000 m (19.685 ft)
Besatzung	1
Bewaffnung	2 x 7,92-mm-lMG-08/15

Fokker D.VII

Die Fokker D.VII war mit Abstand das beste Jagdflugzeug des Ersten Weltkriegs. Mit ihr wandelte sich das Schicksal der Jagdflieger und der Firma Fokker.

Eine der Waffenstillstandsbedingungen bei Kriegsende 1918 war, dass Deutschland „1.700 Kampf- und Bombenflugzeuge – in erster Linie alle D.VII (sic) und alle Nachtbombenflugzeuge" abgeben sollte. Die Tatsache, dass die Fokker D.VII als einziges deutsches Flugzeug, sogar als einzige deutsche Waffe, zur Übergabe an die Alliierten besonders erwähnt wird, zeigt den ihr von den Gegnern entgegengebrachten Respekt.

DER ERSTE WETTBEWERB FÜR KAMPFFLUGZEUGE

Die D.VII war Fokkers erfolgreiches Ergebnis aus der Planung mehrerer Flugzeuge mit dickem freitragendem Flügel und sanft gebogener Vorderkante. Es stellte sich heraus, dass dieser Flügel mehr Auftrieb und somit auch bessere Eigenschaften beim Strömungsabriss erbrachte als die herkömmlichen flachen Tragflächen. Er hatte merkwürdigerweise auch etwas weniger Luftwiderstand. Der Rumpfrahmen bestand, anders als seinerzeit üblich, aus geschweißtem Stahlrohr. Der Prototyp der späteren D.VII war die Fokker V.11, im Grunde eine Version der V.9 mit einem Mercedes-D.III-Reihenmotor anstatt des V.9-Umlaufmotors, aus der später die D.VI entstand. Die V.11 machte im Dezember 1917 ihren Erstflug und nahm im Januar 1918 am ersten Jagdflugzeugwettbewerb der Id-Flieg teil. Es war die erste Veranstaltung dieser Art, bei der auch aktive Jagdflieger zu Wort kamen. Manfred von Richthofen, der bedeutendste unter ihnen, war seinerzeit auf dem Höhepunkt seines Ruhms. Er befand die V.11 als unangenehm zu fliegen, instabil im Geradeausflug und zu sensibel in der Steuerung. Fokker verlängerte daraufhin den Rumpf und baute ein dreieckiges Seitenleitwerk

Fokker D.VII
Die deutsche Begeisterung für grelle Flugzeugbemalungen erreichte mit der D.VII ihren Höhepunkt. Gotthard Sachsenberg errang 31 Luftsiege und befehligte das Marine-Jagdgeschwader Flandern („Kampfgeschwader Sachsenberg“), das ab Juni 1918 die D.VII einsetzte. Man beachte die fehlende Motorverkleidung: Sie ist entfernt, um das tödliche Risiko einer Munitionsüberhitzung zu vermeiden.

Fokker D.VII
Ernst Udet erzielte den letzten seiner 62 Abschüsse mit der D.VII. Dieses Flugzeug wurde nach dem Ende der Feindseligkeiten von den Alliierten gründlich getestet. Dabei fand man heraus, dass die Flugleistungen erheblich schlechter waren als offiziell angegeben. So benötigte das Flugzeug zum Beispiel sechs Minuten, um auf 2.000 Meter zu steigen – volle zwei Minuten länger als gemäß Werksangaben.

vor dem Seitenruder an. Damit fand die V.11 bei von Richthofen und den anderen Piloten großen Anklang. Sie ging als Gesamtsieger aus dem Wettbewerb hervor, und die IdFlieg erteilte einen Auftrag über 400 Maschinen mit der Bezeichnung D.VII.

Fokker konnte einen so großen Auftrag nicht erfüllen. So beauftragte IdFlieg Albatros, die D.VII in Lizenz zu bauen – eine für Anthony Fokker unerträgliche Situation. Er war überzeugt, sein größter Konkurrent profitierte von seiner Arbeit, auch wenn die fünf Prozent Lizenzgebühr für jede produzierte D.VII den Schlag etwas milderten. Albatros verlangte Konstruktionszeichnungen zur Vorbereitung der Produktion, doch Fokker verwendete niemals Detailzeichnungen im Bauprozess. Das Problem wurde gelöst, indem einfach eine fertige D.VII an die Albatros-Fabrik geliefert wurde, von der sich passende Arbeitsunterlagen erstellen ließen. Sowohl Albatros als auch die Tochtergesellschaft OAW bauten D.VII, die sich im Detail und von denen bei Fokker hergestellten unterschieden. Viele Bauteile konnten daher nicht zwischen Flugzeugen der einzelnen Hersteller ausgetauscht werden.

MÄNGEL BEI DER QUALITÄTSKONTROLLE

Die D.VII trafen Anfang Mai 1918 an der Front ein. Jasta 10 erhielt die ersten Exemplare des neuen Flugzeugs, von Richthofen hatte sich in Adlershof dafür eingesetzt. Er konnte die D.VII aber nicht mehr im Kampf fliegen, da er wenige Tage vor dem Eintreffen der ersten Flugzeuge starb. Die Piloten waren von der D.VII begeistert, da sie trotz des gleichen Motors deutlich leistungsfähiger und

Fokker D.VII

Der Bayer Rudolf Stark war Augenzeuge von von Richthofens letztem Flug und übernahm anschließend das Kommando über die bayerische Jasta 35. Er erzielte zehn Abschüsse mit der Dr.I, seinen elften und letzten aber zwei Tage vor dem Waffenstillstand mit dieser D.VII.

wendiger als die Albatros D.Va war und keine Strukturprobleme hatte. Fokkers schlampige Qualitätskontrolle führte in einigen Fällen zu Rippenbrüchen an den oberen Flügeln und zum Verlust der Beplankung, doch diese Zwischenfälle waren nicht schwerwiegend genug für ein Startverbot wie bei der Dr.I. Bei den D.VII von Albatros oder OAW traten solche Probleme nie auf, und die Bauqualität der beiden Hersteller galt als deutlich besser.

Das wichtigste Merkmal der D.VII waren die guten Flugeigenschaften, die sie dem dicken Flügel verdankte. Sie war besonders in großen Höhen geradezu lächerlich einfach zu fliegen und verhielt sich auch bei niedrigsten Geschwindigkeiten handsam. Der Strömungsabriss war sanft und gut zu meistern, und das Flugzeug geriet nur sehr schwer ins Trudeln. Strömungsabrisse bei anderen zeitgenössischen Jagdflugzeugen wie der SPAD XIII und der Sopwith Camel verliefen dagegen abrupt, und die Flugzeuge gerieten leicht in ein heimtückisches Trudeln. In Fliegerkreisen kursierte der Spruch, dass die D.VII einen schlechten Piloten zu einem guten und einen guten Piloten zu einem Fliegerhelden machte, natürlich war das übertrieben. Immerhin bot die D.VII Flugleistungen von Weltklasse. Der Pilot war so nicht ständig mit dem manuellen Fliegen beschäftigt und konnte sich auf den Kampf konzentrieren. Das steigerte sein Selbstvertrauen und ermutigte ihn, beherzt anzugreifen.

Die D.VII war jedoch nicht völlig fehlerfrei. Bei den ersten Flugzeugen saß die Munition zu dicht am Motor. In einigen Fällen explodierten die Patronen, setzten Flugzeuge in Brand und töteten die Piloten, darunter den erfolgreichen Jagdflieger Fritz Friedrichs (21 Luftsiege). Das Problem konnte relativ leicht gelöst werden, indem

Fokker D.VII

Diese besonders aufwendig verzierte D.VII flog der Schwabe Wilhelm Scheutzel von der Jasta 65. Die Abbildung zeigt passenderweise das Grimm'sche Märchen „Die sieben Schwaben“ – eine Selbstironie, da die Schwaben darin ein Kaninchen mit einem Drachen verwechseln und später alle ertrinken. Scheutzel schoss mit dieser Maschine Ende 1918 eine DH.4 ab. Es war sein einziger Luftsieg.

Fokker D.VII (F)
Josef Veltjens war ein Schützling von Rudolf Berthold, der erst zum Kommandeur der Jasta 15 und dann der gesamten JG II aufstieg. Er erzielte 35 Siege, die letzten 20 mit der D.VII, und beendete den Krieg mit dieser BMW-angetriebenen D.VII(F). Zwischen den Kriegen wurde Veltjens Waffenhändler, trat 1939 wieder in die Luftwaffe ein und war Görings persönlicher Gesandter sowohl in Finnland als auch in Mussolinis Italienischer Sozialrepublik.

FOKKER D.VII (F)

Abmessungen	Länge 6,95 m Spannweite 8,90 m Höhe 2,75 m
Startgewicht max.	906 kg
Antrieb	1 x flüssigkeitsgekühlter BMW-IIIa-6-Zylinder-Reihenmotor mit 185 PS
Höchstgeschwindigkeit	200 km/h
Reichweite/Flugzeit	350 km / 1,5 Stunden
Dienstgipfelhöhe	7.000 m (22.900 ft)
Besatzung	1
Bewaffnung	2 x 7,92-mm-lMG-08/15

mehr Kühlluft durch den vorderen Rumpf geführt und bessere Munition verwendet wurde.

Auch die Motoren machten Sorgen. Bei der D.VII kamen Mercedes D.III und D.IIIaü zum Einsatz. Diese waren Anfang 1918 bereits veraltet, und ein passenderer Antrieb für das leistungsfähige Flugzeug wurde dringend gebraucht. Im Juni kam der BMW IIIa auf den Markt, der erste Flugmotor von der bayerischen Firma. Dieser war speziell für große Flughöhen optimiert, arbeitete mit hoher Verdichtung und hatte einen „Höhenvergaser“, der das Kraftstoffgemisch an die Flughöhe anpasste. Wegen der hohen Verdichtung war Vollgas unterhalb von 2.000 Metern verboten, um eine Beschädigung von Kolben und Zylindern zu vermeiden.

Der BMW-Motor verbesserte die schon beachtlichen Flugleistungen der D.VII. Ihre Steigrate übertraf nun die aller im Einsatz befindlichen alliierten Flugzeuge. Die Flugzeuge mit BMW-Motor wurden D.VII(F) genannt. Das „F“ stand für Max Friz, der den Motor entwickelt hatte. Wegen Lieferschwierigkeiten gab es nie genügend BMW-Motoren. So wurden die D.VII bis zum Waffenstillstand weiterhin parallel mit Mercedes D.III, Mercedes D. IIIaü und BMW III ausgerüstet.

WELTWEITE AKZEPTANZ

Alliierte Flieger unterschätzten anfangs die Fähigkeiten der neuen, kastenförmigen D.VII, die äußerlich nichts mit ihrem eleganter geformten Vorgänger Albatros gemein hatte. Doch im Kampfeinsatz ab Mai 1918 verblüffte sie ihre Gegner. Sie konnte sich quasi „an den Propeller hängen“ und blieb dabei steuerbar – so etwas hatten die staunenden alliierten Piloten noch nie gesehen.

Die Produktion schnellte infolgedessen in die Höhe, und rund 70 Fronteinheiten wurden schließlich ganz oder teilweise mit der D.VII ausgerüstet. Von ihr wurden insgesamt über 3.000 Exemplare gebaut, von denen im November 1918 noch 775 im Einsatz waren. MAG baute für Österreich-Ungarn eine Lizenzversion mit Austro-Daimler-Antrieb, von der aber nur etwa 50 Maschinen fertiggestellt werden konnten. Nach Kriegsende gelang es dem Niederländer Anthony Fokker, sechs Eisenbahnladungen mit Flugzeugen und Teilen aus Deutschland in seine Heimat zu schmuggeln, wo dann die Produktion der D.VII für begierige Kunden in aller Welt weiterging. Belgien und die USA nutzten D.VII, die sie gemäß den Bedingungen des Waffenstillstands übernommen hatten. Das Jagdflugzeug diente insgesamt 19 Nationen. Die Schweiz musterte als letztes Nutzerland erst 1938 ihre Einsatzflugzeuge aus.

Fokker D.VIII / Fokker E.V

Das letzte Fokker-Jagdflugzeug des Ersten Weltkriegs, die Fokker D.VIII, war ein großer Wurf. Leider traf sie viel zu spät ein, als sie am dringendsten gebraucht wurde. Sie kam daher kaum noch zum Einsatz.

Fokker hatte bis Anfang 1918 verschiedene Eindecker-Prototypen mit einem freitragenden Flügel gebaut, der direkt am Rumpf befestigt war und die Sicht des Piloten stark einschränkte. Vermutlich beeinflusst durch das Auftauchen des französischen Schirmeindeckers Morane A1 an der Front, entfernte Fokker daraufhin einfach die untere Tragfläche eines Standard-Doppeldeckers D.VII, um zu sehen, wie er sich mit nur einem Flügel verhalten würde. Die Ergebnisse waren zufriedenstellend. So entstanden in rascher Folge die Schirmeindecker V.26 und V.28. Letzterer besaß auch einen verstärkten Rumpf für Motoren mit höherer Leistung.

Beide Flugzeuge nahmen im Mai 1918 am zweiten Jagdflugzeugwettbewerb teil. Die strömungsgünstig gestaltete und leichte V.26 zeigte trotz des schwachen und veralteten Oberursel-Ur.II-Motors überzeugende Leistungen und schnitt nur wenig schlechter ab als die Siemens-Schuckert D.III mit dem komplexen, deutlich schwächeren Sh.III-Motor.

IdFlieg war so beeindruckt, dass sie 400 Flugzeuge mit der Bezeichnung Fokker E.V bestellte. Diese erste Charge sollte entweder den 145 PS starken Oberursel Ur. III oder den 160 PS starken Goebel Goe.III erhalten, doch keiner dieser Motoren wurde in ausreichender Stückzahl

FOKKER E.V

Abmessungen	Länge 5,86 m Spannweite 8,34 m Höhe 2,82 m
Startgewicht max.	605 kg
Antrieb	1 x luftgekühlter Oberursel-Ur.II-9-Zylinder-Umlaufmotor mit 110 PS
Höchstgeschwindigkeit	200 km/h
Reichweite/Flugzeit	300 km / 1,5 Stunden
Dienstgipfelhöhe	7.000 m (22.965 ft)
Besatzung	1
Bewaffnung	2 x 7,92-mm-lMG-08/15

Fokker E.V
Jasta 6 bekam als erste Einheit die E.V. Dieses Exemplar flog Richard Wenzl, der fast den zweiten Abschuss mit diesem Typ erzielt hätte. Beim Angriff auf eine Sopwith Camel versagte sein Motor, wahrscheinlich wegen der schlechten Schmiereigenschaften des Rizinusölersatzes „Voltol", und die Camel entkam.

gebaut. So wurden alle Fokker-Schirmeindecker mit dem Ur.II-Motor ausgerüstet.

DIE ZAHL DER TODESOPFER STEIGT

Ende Juli gelangten die ersten E.V an die Front. Am 17. August 1918 errang Emil Rolff von der Jasta 6 den ersten Luftsieg auf diesem Flugzeug mit dem Abschuss einer Sopwith Camel der 203 Squadron. Er kam nur zwei Tage später ums Leben, als der Flügel seiner E.V während des Flugs zerbrach. Innerhalb einer Woche ereigneten sich zwei weitere tödliche Abstürze durch Tragflächenbrüche.

Die E.V-Flotte wurde aus dem Flugdienst genommen, und IdFlieg leitete eine Untersuchung ein. Anfangs machte man die Flügelkonstruktion für die Unfälle verantwortlich, aber wieder einmal war Fokkers nachlässige Qualitätskontrolle schuld. In diesem Fall stammten die Flügel von einem Subunternehmer, der Perzina-Pianofabrik in Schwerin. Wie sich herausstellte, waren sie schlampig zusammengebaut worden, manche Holzteile waren noch grün, andere von Trockenfäule befallen. Wie schon beim Fiasko mit der Dr.I forderte IdFlieg Fokker auf, alle E.V-Flügel auf eigene Kosten zu ersetzen, und bestand darauf, dass von nun an Fokker-Mitarbeiter die Produktion bei Perzina überwachten.

Mit Wiederaufnahme der Fertigung Ende September erhielten die Flugzeuge die Bezeichnung D.VIII, auch wenn das „D“ angeblich für „Doppeldecker“ stand. IdFlieg hatte beschlossen, alle Jagdflugzeuge von nun als D-Typen zu bezeichnen, unabhängig von der Anzahl ihrer Tragflächen.

EINSATZERFAHRUNGEN

Die erste D.VIII traf am 24. Oktober 1918 an der Front ein, 18 Tage später endete der Krieg. Trotz ihrer kurzen Einsatzdauer hinterließ die E.V/D.VIII auf beiden Seiten der Front einen beachtlichen Eindruck. Ernst Udet hatte ihre guten Flugeigenschaften unter Beweis gestellt und mit einer E.V/D.VIII in einem Scheingefecht eine Fokker D. VII des 25-Siege-Fliegerasses Robert von Greim besiegt. Am 12. August 1918 wurde der erfolgreiche britische Camel-Jagdflieger Edwin Swale von vier E.V angegriffen. Er konnte entkommen und berichtete, sie hätten ihn „in jeder Hinsicht ausmanövriert“.

Polen setzte sieben erbeutete Exemplare nach dem Ersten Weltkrieg im polnisch-sowjetischen Krieg ein. Stefan Stec errang am 29. April 1919 den ersten Sieg der polnischen Luftwaffe, als er eine ukrainische Nieuport 11 mit einer dieser Maschinen abschoss.

Fokker D.VIII

Friedrich Altemeier war ein talentierter Pilot im Unteroffiziersrang mit 21 bestätigten Luftsiegen. Sein letzter war gleichzeitig der letzte deutsche Sieg: Am 10. November 1918 schoss er – vermutlich in dieser D.VIII – um 10.50 Uhr eine RE8 ab.

Halberstadt D.II
Die 810/16 war ein D.II-Lizenzbau der Hannoverschen Waggonfabrik AG und diente vermutlich bei der Jasta 25 oder beim Halbgeschwader I in Mazedonien. Der Buchstabe „S" weist wahrscheinlich auf den Nachnamen des unbekannten Piloten hin.

HALBERSTADT D.II

Abmessungen	Länge 7,30 m Spannweite 8,80 m Höhe 2,66 m
Startgewicht max.	728 kg
Antrieb	1 x flüssigkeitsgekühlter Mercedes-D.II-6-Zylinder-Reihenmotor mit 120 PS
Höchstgeschwindigkeit	150 km/h
Reichweite/Flugzeit	250 km / 1,5 Stunden
Dienstgipfelhöhe	4.500 m (14.763 ft)
Besatzung	1
Bewaffnung	1 x 7,92-mm-lMG-08/15

Halberstadt D.II, D.III & D.V

Für kurze Zeit waren die als Verstärkung der Fokker-Doppeldecker eingesetzten Halberstadt-Einsitzer die besten Jagdflugzeuge der Jagdstaffeln. Sie überbrückten den Zeitraum zwischen dem Einsatz der Eindecker und der Ankunft der Albatros-Aufklärer.

Die Halberstadt-Flugzeugwerke entwickelten im Jahr 1915 die D.I, das weltweit erste Kampfflugzeug mit einem wassergekühlten Reihenmotor. Auch wenn es nicht zur Serienfertigung kam, baute Halberstadt eine verbesserte Version, bei der der Kühler von der Nase auf die Tragfläche verlegt wurde. Ein erhöhter Pilotensitz, von einem aufgesetzten Rumpfrücken eingerahmt, verbesserte die Sicht aus dem Cockpit. Unter der Bezeichnung D.II ging das Flugzeug in Produktion. Die ersten Exemplare trafen Anfang 1916 bei den Kampfeinheiten ein. Die D.II wirkte mit ihrem schlanken Rumpf und dem charakteristischen verstrebten Höhenleitwerk nicht sehr robust. Da sie dies aber tatsächlich war, stellte man sie nach dem geplanten Ende ihrer Frontdienstzeit Anfang 1917 wieder in Dienst, als bei der Albatros D.III die ersten Strukturprobleme auftraten.

Die Halberstadt arbeitete zudem mit Querrudern statt Flügelverwindung, was ihre Handhabung im Vergleich zu den Fokker-Doppeldeckern verbesserte. Sofern man den offiziellen Angaben vertrauen kann, waren die Flugleistungen der D.II kaum besser als die ihrer Eindecker-Vorgänger. Für ihre Piloten war sie aber bis zur Ankunft der Albatros D.I das beste deutsche Jagdflugzeug, die alliierten Flugzeugbesatzungen zollten ihr einen ähnlichen Respekt. In einem IdFlieg-Bericht, der die D.II mit der Fokker E.IV vergleicht, heißt es im Juli 1916: „Die Halberstadt ... ist hoch angesehen - besonders gelobt werden ihre Steig- und Manövrierfähigkeit. Man zieht sie der 160-PS-Fokker eindeutig vor." Berühmte Flieger wie Manfred von Richthofen und Oswald Boelcke errangen Luftsiege mit der D.II. Diese Erfolge lassen vergessen, dass tatsächlich nur 65 D.II gebaut wurden. Die meisten entstanden in Lizenz bei Aviatik sowie in der Hannoverschen Waggonfabrik, verwirrenderweise unter den Bezeichnungen Aviatik D.I und Hannover D.I.

Halberstadt hatte inzwischen die D.III entwickelt, von der 50 Exemplare hergestellt wurden. Dabei handelte es sich im Prinzip um eine D.II mit einem Argus-As.II-Motor, dessen Sechszylinder-Bauweise und Leistung dem bis dahin genutzten Mercedes D.II glichen.

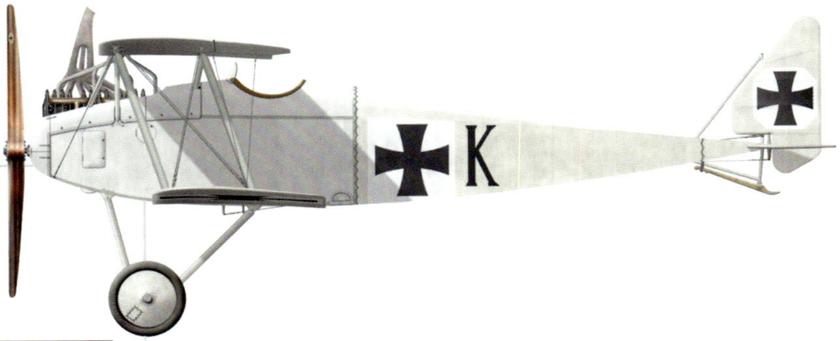

HALBERSTADT D.III

Abmessungen	Länge 7,30 m Spannweite 8,80 m Höhe 2,66 m
Startgewicht max.	746 kg
Antrieb	1 x flüssigkeitsgekühlter Argus-As.II-6-Zylinder-Reihenmotor mit 120 PS
Höchstgeschwindigkeit	150 km/h
Reichweite/Flugzeit	250 km / 1,5 Stunden
Dienstgipfelhöhe	4.500 m (14.763 ft)
Besatzung	1
Bewaffnung	1 x 7,92-mm-lMG-08/15

Halberstadt D.III
Hans von Keudell gehörte zu den ersten Mitgliedern der Jasta 1. Er flog dort zunächst eine Fokker D.I, bevor man ihm diese klarlackbespannte Halberstadt D.III mit dem Kennzeichen „K" (für Keudell) zuteilte. Nach zwölf Luftsiegen wurde von Keudell Anfang 1917 von Stuart Pratt mit einem Nieuport-Zweisitzer der 46 Squadron des Royal Flying Corps abgeschossen und getötet.

BESSERE SICHT

Die D.IV war eine Variante mit einfacher Tragflächenstrebe und fehlender Höhenleitwerk-Verstrebung, zwei Kanonen und einem 150-PS-Benz-Bz.III-Motor. Sie wurde wegen der schlechten Frontsicht abgelehnt. Bei der D.V verwendete man wieder das bewährte Konzept mit einem Maschinengewehr und dem Argus-Motor der D.III. Sie bekam zudem verbesserte Querruder und überarbeitete Baldachinstreben und Mittelsektion der oberen Tragfläche, was die Handhabung und Sicht verbesserte. Etwa 90 Exemplare der D.V wurden in zwei Chargen von Ende 1916 bis Juni 1917 gebaut und bewährten sich bald als problemlos zu handhabende Flugzeuge.

Die letzten hergestellten D.V konnten es von der Bauart her allerdings nicht mehr mit den neuesten alliierten Typen aufnehmen. Die Flugzeuge wurden daher im Sommer 1917 im Westen abgezogen, die letzten 31 Neuflugzeuge gab man an die osmanischen Streitkräfte ab. Halberstadt D.V dienten noch bis zum Kriegsende in Palästina im Fronteinsatz. Wegen der hohen Temperaturen in diesem Einsatzgebiet wurden dort zusätzliche Kühler an den Rumpfseiten angebracht, die für Leistungseinbußen sorgten.

Halberstadt D.V
Hans-Joachim Buddecke war ein Jagdflieger mit 13 Luftsiegen. Er erhielt als dritter Pilot nach Immelmann und Boelcke die begehrte Trophäe „Blauer Max" und wurde wegen seiner Erfolge über Gallipoli bei den osmanischen Streitkräften „El-Schahin" (Jagdfalke) genannt. Er flog diese D.V bei der Jasta 4 nach seiner Rückkehr an die Westfront im Jahr 1916.

HALBERSTADT D.V

Abmessungen	Länge 6,70 m Spannweite 8,80 m Höhe 2,66 m
Startgewicht max.	737 kg
Antrieb	1 x flüssigkeitsgekühlter Argus-As.II-6-Zylinder-Reihenmotor mit 120 PS oder flüssigkeitsgekühlter Mercedes-D.II-6-Zylinder-Reihenmotor mit 120 PS
Höchstgeschwindigkeit	160 km/h
Reichweite/Flugzeit	200 km / 1,5 Stunden
Dienstgipfelhöhe	4.500 m (14.763 ft)
Besatzung	1
Bewaffnung	1 x 7,92-mm-lMG-08/15

Junkers D.I
Diese Junkers wurde 1919 auf dem Flugplatz Hombeek in Belgien verlassen aufgefunden. Sie gehörte vermutlich zu den wenigen D.I, die noch kurz vor dem Waffenstillstand per Bahn an das Marine-Feld-Jagdgeschwader gelangten. Der Rumpf wurde umlackiert, die Tragflächen tragen noch die violett-grüne Tarnfarbe der Werkslackierung.

JUNKERS D.I

Abmessungen	Länge 7,25 m Spannweite 9,00 m Höhe 2,60 m
Startgewicht max.	840 kg
Antrieb	1 x flüssigkeitsgekühlter BMW-IIIa-6-Zylinder-Reihenmotor mit 185 PS
Höchstgeschwindigkeit	200 km/h
Reichweite/Flugzeit	300 km / 1,5 Stunden
Dienstgipfelhöhe	7.500 m (24.606 ft)
Besatzung	1
Bewaffnung	2 x 7,92-mm-lMG-08/15

Junkers D.I

Auch wenn sie praktisch kaum an der Front war und keine 50 Exemplare von ihr gebaut wurden, begann mit der revolutionären Ganzmetall-D.I eine ganz neue Art des Flugzeugbaus.

Junkers hatte mit der J.1 das erste Ganzmetallflugzeug der Welt gebaut. Ihre Nachfolgerin J.7 war eine erstaunlich hochentwickelte Maschine, ein Jagdflugzeug, das seiner Zeit als freitragender Eindecker in Ganzmetallbauweise um Jahre voraus war. Ihre Hauptmerkmale waren unter anderem bewegliche Flügelspitzen anstelle der Querruder. Der Kühler wirkte wie nachträglich auf den Motor montiert und verdeckte völlig das vordere Sichtfeld des Piloten. Beim Umbau des Prototypen wurde der Kühler in die Nase integriert, und konventionelle Querruder ersetzten die drehbaren Flügelspitzen. So nahm die J.7 am ersten Jagdflugzeugwettbewerb Anfang 1918 in Adlershof teil. Obwohl sie als Eindecker nicht regulär startete, war sie das schnellste Flugzeug und erregte entsprechende Aufmerksamkeit. Als IdFlieg nach ihrer offiziellen Erprobung nach einer Serienfertigung fragte, nahm bereits die weiterentwickelte Version J.9 im Mai am zweiten Jagdflugzeugwettbewerb teil.

SCHWERFÄLLIG IN DER HANDHABUNG

Da die J.9 wegen ihrer mäßigen Manövriereigenschaften für den Luftkampf ungeeignet erschien, aber schnell flog und sehr robust gebaut war, beschloss man, sie gezielt als kampfstarken Ballonzerstörer mit der Bezeichnung D.I zu verwenden. Nur 41 Exemplare wurden gebaut, das letzte wurde im Februar 1919 ausgeliefert. Eine Handvoll D.I erreichte die Front – es ist nicht genau bekannt, ob sie noch zum Einsatz kamen. Mindestens ein alliierter Pilot gab an, in den letzten Kriegstagen ein solches Flugzeug angetroffen zu haben. Anfang 1919 setzte das Geschwader Sachsenberg unter dem Kommando des erfolgreichen Marinefliegers Gotthard Sachsenberg D.Is und zweisitzige CL.Is ein, um an der deutschen Ostseeküste die Freikorps-Einheiten im Kampf gegen sowjetische Truppen zu unterstützen. Bei den Kämpfen zeigte sich die robuste Konstruktion der D.I weitgehend unempfindlich gegen Beschuss und bewies voll und ganz ihre Qualitäten.

Roland D.II & D.IIa

Die Roland D.II hatte wegen ihrer Stromlinienform den Spitznamen „Haifisch“. Sie war schnell und stark, aber nicht sehr wendig, und flog sich schwerfällig.

Nach dem Erfolg ihres stromlinienförmigen Zweisitzers C.II versuchte die Luftfahrzeug-Gesellschaft, dessen Wickelrumpfbauweise auf ein einsitziges Jagdflugzeug zu übertragen. Das Resultat wurde von einem 160 PS starken Mercedes-D.III-Motor angetrieben und besaß einen markanten, stromlinienförmigen Ausleger, der die Lücke zwischen Rumpf und oberer Tragfläche füllte – eine aerodynamisch wirksame Lösung, die jedoch die Sicht des Piloten nach vorn stark einschränkte. Etwa 20 Maschinen waren bereits unter der Bezeichnung Roland D.I ausgeliefert worden, als ein großer Brand im Werk die Produktion unterbrach. Als sie wieder aufgenommen wurde, erhielt das Flugzeug einen an den Flügeln montierten Kühler anstelle der „Ohren“-Kühler am Rumpf, eine Heckspornverkleidung sowie ein aerodynamisch verbessertes Rumpfmittelstück. Das Flugzeug bekam die neue Bezeichnung D.II. Spätere Exemplare mit einem Argus-As.III-Motor fungierten als D.IIa.

WENIG ANKLANG

Die Anfang 1917 in Dienst gestellte D.II erweckte nicht gerade Begeisterungsstürme. Piloten bemängelten die schwerfällige Steuerung, die erschreckend schlechte Sicht nach vorn, die das Landen sehr erschwerte, und die Tatsache, dass die D.II sogar weniger wendig war als die schwerfällige Albatros D.III. Auf der anderen Seite war das Flugzeug schnell und robust. So errangen mehrere Piloten bis zum Abzug der Flugzeuge von den Kampfeinheiten im Dezember 1917 Luftsiege auf Roland D.II und D.IIa, auch wenn die Albatros weiterhin das Jagdflugzeug

ROLAND D.II

Abmessungen	Länge 6,93 m Spannweite 8,94 m Höhe 2,95 m
Startgewicht max.	925 kg
Antrieb	1 x flüssigkeitsgekühlter Mercedes-D.III-6-Zylinder-Reihenmotor mit 160 PS
Höchstgeschwindigkeit	170 km/h
Reichweite/Flugzeit	300 km / 2,0 Stunden
Dienstgipfelhöhe	5.200 m (17.060 ft)
Besatzung	1
Bewaffnung	2 x 7,92-mm-lMG-08/15

Roland D.II
Roland D.II und D.IIa hatten ab Werk einen unverwechselbaren rötlich-braun-grünen Tarnanstrich. Flugzeuge, die von der LFG-Muttergesellschaft gebaut wurden, sind leicht an den übergroßen Nationalitätskennzeichen zu erkennen, wie bei der D.IIa von Gerhard Fieseler auf der nächsten Seite.
Die oben gezeigte, in der Pfalz gebaute D.II hat Kennzeichen in üblicher Größe und diente bei der Jasta 32 an der Westfront.

Die elegante, aber fehlerbehaftete Roland D.II hatte in weniger stark umkämpften Gebieten einen gewissen Erfolg. Diese D.IIa gehörte zu den zahlreichen von den Pfalz-Flugzeugwerken gebauten Roland-Jagdflugzeugen. Pfalz verwendete später Rolands moderne Fertigungsmethoden für die eigenen leistungsfähigeren Jagdflugzeuge.

ihrer Wahl war. 300 Exemplare der D.II und D.IIa wurden gebaut, die meisten in den Pfalz-Flugzeugwerken, die die Wickelrumpf-Bauweise später bei allen eigenen Jagdflugzeugen verwendete. Bei der D.III, der letzten Variante, wurde die problematische Stützbefestigung der oberen Tragfläche durch konventionelle Baldachin-Streben ersetzt. Obwohl dies die Frontsicht deutlich verbesserte, konnte das Flugzeug nicht mit den Albatros- und Pfalz-Konstruktionen mithalten. So wurden nur sehr wenige gebaut, und gerade einmal neun tauchten im Februar 1918 an der Front auf. Eine Handvoll D.II und D.III ging an das bulgarische Armee-Fliegerkorps.

Roland D.IIa

Gerhard Fieseler errang am 20. August 1917 bei einem Flug mit dieser Roland D.IIa über der mazedonischen Front seinen ersten Luftsieg. Er war mit 19 Abschüssen der erfolgreichste Flieger an der Ostfront, der den Krieg überlebte. Heute ist er eher als Gründer der gleichnamigen Flugzeugwerke bekannt. Zu seinen berühmten Konstruktionen zählte vor allem der Fieseler Fi 156 Storch.

Roland D.VIa & D.VIb

Obwohl sie dem Gesamtsieger Fokker D.VII unterlegen war, wurde die Fertigung der LFG Roland D.VI zur Absicherung gegen mögliche Produktionsschwierigkeiten bei Fokker-Flugzeugen angewiesen.

Roland D.VIa
Otto Kissenberth war ein bemerkenswerter und erfolgreicher Jagdflieger. Obwohl er Brillenträger war, flog er ab 1914 als Aufklärungspilot und wechselte zwei Jahre später zu den Einsitzern. Sein Edelweiß-Symbol zierte den schwarzen Rumpf seiner Albatros D.V und dieser Roland D.VIa. Seine Einheit führte diesen Typ im Frühjahr 1918 ein. Den letzten seiner 20 Luftsiege errang Kissenberth im Mai 1918 ausgerechnet mit einer erbeuteten Sopwith Camel.

Die Luftfahrzeug-Gesellschaft gab ihre Wickelrumpf-Bauweise zugunsten der Klinkerbauweise auf. Ähnlich wie im Bootsbau wurden dünne, überlappende Fichtenholzstreifen über ein leichtes Holzgerüst gespannt. Diese Bauweise ermöglichte eine stabile, elegante Stromlinienform. Sie war aber zeitaufwendiger und machte die D.VI teurer als die konkurrierende Fokker D.VII. Die Roland machte Ende 1917 ihren Erstflug, und zwei Prototypen nahmen im Januar 1918 am ersten Jagdflugzeugwettbewerb in Adlershof teil. Obwohl die D.VI nicht gewann, stufte man ihre Leistungen als produktionswürdig ein. IdFlieg gab das Flugzeug in Auftrag, und mit seiner Auslieferung wurde im Mai begonnen.

VERBESSERTE FLUGLEISTUNGEN

Die D.VI mit ihrem Mercedes-D.III-Motor war ein hervorragendes Flugzeug, galt jedoch als leistungsschwächer als die Fokker. Sie konnte es aber mit der Albatros D.V aufnehmen, ohne mit deren strukturellen Problemen oder der mangelhaften Wendigkeit kämpfen zu müssen.

Die erste Serienversion D.VIa profitierte von dem etwas stärkeren Mercedes D.IIIa. Die Sicht aus dem Cockpit war im Gegensatz zur Vorgängerin D.II sehr gut. Mit dem Einbau des kräftigeren Benz-Bz.IIIa-Motors verbesserten sich die Flugleistungen des Roland-Jägers weiter, und er erhielt in dieser Version die Bezeichnung D.VIb.

NACHZÜGLER

Die ersten D.VI erreichten die Kampfeinheiten zum Ende des Frühjahrs 1918. Die meisten von ihnen wurden an die bayerischen Jastas geliefert. Auch die mit dem Schutz von Wasserflugzeugstützpunkten beauftragten Marineflieger-Einheiten erhielten Roland D.VI.

Die D.VI war nicht weit verbreitet. Aber im August tauchten immerhin 70 Exemplare an der Front auf, und die Produktion ging bis zum Waffenstillstand weiter. Nach 1918 dienten Kriegsbeute-Exemplare beim United States Army Air Corps. Die D.VI wurde darüber hinaus das Standardmuster der gerade im Aufbau befindlichen tschechoslowakischen Luftwaffe.

ROLAND D.VIb

Abmessungen	Länge 6,32 m Spannweite 9,42 m Höhe 2,60 m
Startgewicht max.	820 kg
Antrieb	1 x flüssigkeitsgekühlter Benz-Bz.IIIa-6-Zylinder-Reihenmotor mit 185 PS
Höchstgeschwindigkeit	182 km/h
Reichweite/Flugzeit	400 km / 2,0 Stunden
Dienstgipfelhöhe	5.800 m (19.000 ft)
Besatzung	1
Bewaffnung	2 x 7,92-mm-lMG-08/15

Roland D.VIb
Diese ansprechend lackierte D.VIb flog vermutlich bei der Jasta 51 und war eine der ersten Serien-D.VIb. Man vermutet, dass sie am zweiten Jagdflugzeugwettbewerb in Adlershof im Juni und Juli 1918 teilnahm.

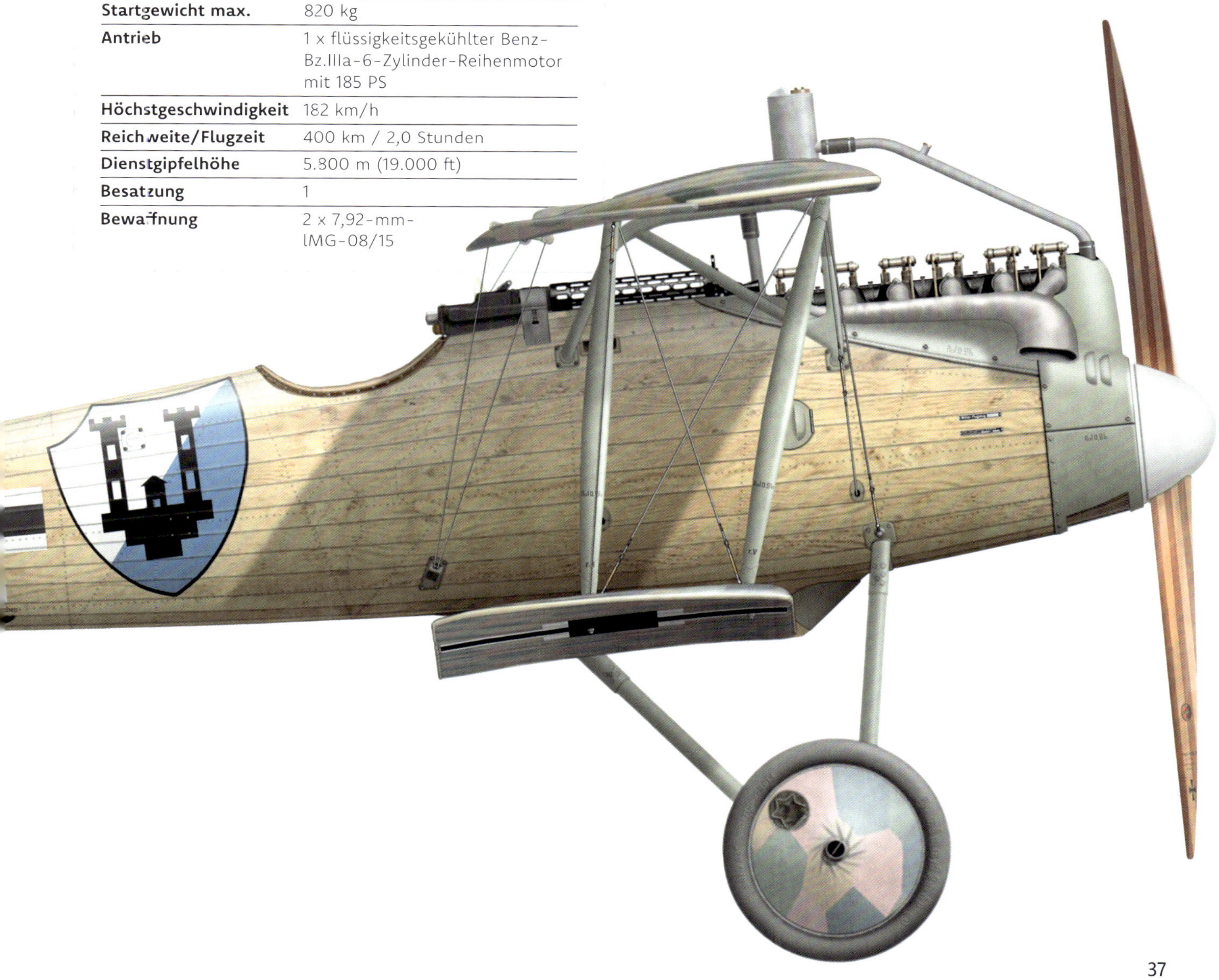

Pfalz D.III & D.IIIa

Die Pfalz D.III hat eine elegante Stromlinienform. Sie leistete vom Sommer 1917 bis zum Ende des Kriegs gute, wenn auch unauffällige Dienste, konnte aber nie ganz die in sie gesetzten Erwartungen erfüllen.

Pfalz D.III

Diese in den Jasta-5-Farben Blau und Rot strahlende Pfalz D.III trägt die Abzeichen von Rudolf Berthold. Der Jagdflieger mit 44 Luftsiegen gehörte zu den wenigen, die sich positiv über das Pfalz-Flugzeug äußerten. Bertholds rechte Hand war durch eine Verletzung gelähmt, und er konnte dieses Handicap mit Hilfe einer Drehgriff-Gassteuerung am Steuerknüppel ausgleichen.

PFALZ D.III

Abmessungen	Länge 6,95 m Spannweite 9,40 m Höhe 2,67 m
Startgewicht max.	933 kg
Antrieb	1 x flüssigkeitsgekühlter Mercedes-D.III-6-Zylinder-Reihenmotor mit 160 PS
Höchstgeschwindigkeit	165 km/h
Reichweite/Flugzeit	400 km / 2,5 Stunden
Dienstgipfelhöhe	5.500 m (18.044 ft)
Besatzung	1
Bewaffnung	2 x 7,92-mm-lMG-08/15

In den ersten beiden Kriegsjahren beschäftige sich die Firma Pfalz weitgehend mit der Fertigung von Fremdkonstruktionen. Im November 1916 gab der Eintritt des österreichischen Konstrukteurs Rudolph Gehringer den Anstoß zur Entwicklung des ersten eigenen Jagdflugzeugs, der D.III. Sie machte im April 1917 ihren Erstflug und war noch stark von der Roland D.II beeinflusst, die Pfalz unmittelbar zuvor gebaut hatte. Die neue Pfalz-Konstruktion war der Roland so deutlich überlegen, dass anstehende Verträge für die Roland D.II zugunsten des neuen Flugzeugs geändert und im Juni noch weitere 300 Maschinen bestellt wurden.

Die Pfalz D.III war genauso wie die Albatros D.III und D.V eine Antwort auf die Nieuport 17, die allen Jagdflugzeugen der Mittelmächte überlegen war. Sie kopierte aber nicht wie die Albatros die Doppeldecker-Anordnung der Nieuport und hatte daher auch nicht die strukturellen Probleme ihrer zahlreichen Zeitgenossen. Die D.III entstand in Rolands patentierter Wickelrumpf-Halbschalen-Rumpfbauweise. Diese verlieh dem Flugzeug bei einem geringen Gewicht eine hohe Festigkeit und komplexe, gebogene Verbund-Oberflächen. Diese Technik war im Vergleich zu konventionell konstruierten Flugzeugen allerdings zeitaufwendig und teuer.

Die D.III wurde von einem 160 PS starken Mercedes-Motor angetrieben, ihre Bewaffnung bestand aus zwei 7,92-mm-lMG-08/15, den Standard-Waffen der deutschen Jagdflugzeuge im Jahr 1917. Die Waffen waren im Rumpf montiert, um die stromlinienförmige Form des Flugzeugs nicht zu beeinträchtigen - ein ungewöhnliches Merkmal, das von den Konstruktionen der Roland-Maschinen übernommen wurde.

GEFAHREN IM FLUGBETRIEB

Auf dem Papier waren die Flugleistungen der Pfalz weitgehend mit denen der Albatros vergleichbar. Sie geriet allerdings wegen ihrer relativ schlechten Wendigkeit, der geringen Steigfähigkeit, ihrer schwerfälligen Steuerung und des tückischen Verhaltens beim Strömungsabriss, der zum sofortigen Trudeln führen konnte, in die Kritik. Andererseits war sie sehr robust gebaut, besaß gute Sturzflugeigenschaften und konnte nahezu gefahrlos bis an die Grenzen ihrer Leistungsfähigkeit beansprucht werden. Das größte Betriebsproblem war die Anordnung der Maschinengewehre im Rumpf. Bei einer damals oft auftretenden Ladehemmung hatte der Pilot keinerlei Zugriff auf die Waffen. Als Lösung kam im November 1917 die verbesserte D.IIIa, bei der die Geschütze in einer zugänglichen Position direkt vor dem Piloten saßen. Zur besseren Steuerfähigkeit hatte diese Version abgerundete Flügelspitzen an den unteren Tragflächen sowie ein vergrößertes Höhenleitwerk. Etwa drei Viertel der rund 1.000 gebauten Exemplare gehörten zur D.IIIa-Variante.

Im Einsatz leisteten die Pfalz D.III und D.IIIa gute Dienste, obwohl sie stets im Schatten der Albatros-Jäger standen und auch nicht ganz die Leistungen alliierter Flugzeuge erreichten. Die meisten Piloten bevorzugten die Albatros wegen der besseren Handhabung und Steigleistung. Heute ist die Pfalz D.III fast vergessen. Das liegt zum Teil daran, dass Pfalz ein bayerisches Unternehmen war und die meisten, wenn auch nicht alle Flugzeuge an bayerische Einheiten geliefert wurden, die in der Regel an ruhigeren Frontabschnitten dienten. Nach der Einführung der überragenden Fokker D.VII verschwanden die D.III und D.IIIa allmählich aus dem Kampfeinsatz. Bei Waffenstillstand waren noch etwa 100 Flugzeuge an der Front, mehrere hundert weitere Maschinen dienten der Fortgeschrittenenschulung.

Pfalz D.IIIa
Eugen Siempelkamp von der Jasta 29 errang zwei Luftsiege auf dieser D.IIIa mit der skurrilen alpenländischen Tatzelwurm-Figur. Siempelkamp wurde Kommandeur der Jasta 64 und beendete den Krieg mit fünf Luftsiegen

Pfalz D.IIIa
Max Holtzem war bei Kriegsausbruch Aufklärungspilot und verbrachte zwei Jahre als Erprobungsflieger bei den Pfalz-Werken, bevor er zur Jasta 16b kam. Anfang 1918 war Holtzem mit dieser D.IIIa am Abschuss einer SPAD S.XIII beteiligt und erzielte den unbestätigten Abschuss einer SE.5a. Nach dem Krieg arbeitete er als Stuntpilot in Argentinien und wurde schließlich Flugprüfer bei North American Aviation für die Serienproduktion der P-51 Mustang.

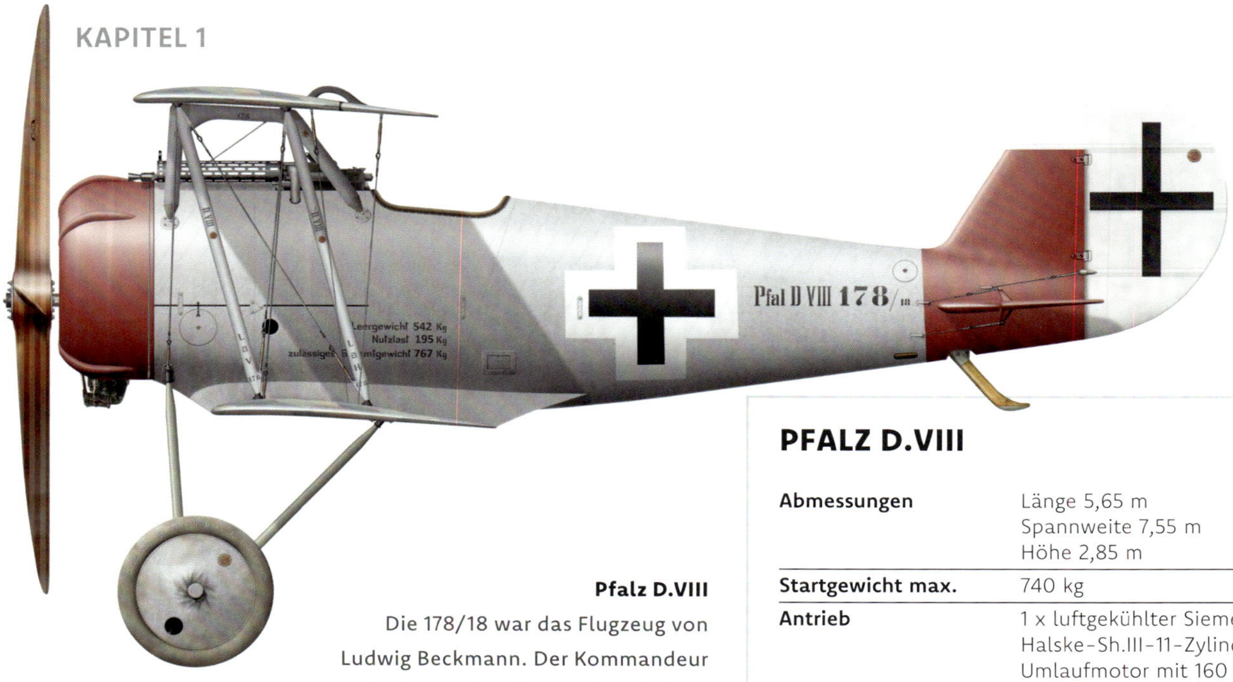

Pfalz D.VIII
Die 178/18 war das Flugzeug von Ludwig Beckmann. Der Kommandeur der Jasta 56 erzielte acht Luftsiege und befehligte im Zweiten Weltkrieg eine Ju-52/3m-Transporteinheit.
Die Jasta 56 trug meist gelbe Nasen und Leitwerke. Der Westfale Beckmann wählte für sein Flugzeug die Farbe Rot: Rot und Weiß sind die westfälischen Landesfarben.

PFALZ D.VIII

Abmessungen	Länge 5,65 m Spannweite 7,55 m Höhe 2,85 m
Startgewicht max.	740 kg
Antrieb	1 x luftgekühlter Siemens-Halske-Sh.III-11-Zylinder-Umlaufmotor mit 160 PS
Höchstgeschwindigkeit	190 km/h
Reichweite/Flugzeit	250 km / 1,5 Stunden
Dienstgipfelhöhe	7.500 m (24.606 ft)
Besatzung	1
Bewaffnung	2 x 7,92-mm-lMG-08/15

Pfalz D.VIII

Die Pfalz D.VIII war ein hervorragendes Flugzeug mit enormer Steigleistung. Ihre Produktion geriet durch den mangelnden Nachschub an Siemens-Halske-Sh.III-Motoren ins Stocken.

Die Pfalz D.VIII war eine Zwei-Holm-Variante der kurz zuvor entwickelten einholmigen D.VII und absolvierte Anfang 1918 ihren Erstflug. Beide Flugzeuge nahmen am ersten Jagdflugzeugwettbewerb in Adlershof im Februar 1918 teil. Gemeinsam mit der beeindruckenden Fokker D.VII machte die D.VIII das Rennen. IdFlieg favorisierte die etwas leistungsschwächere, aber robustere Pfalz D.VIII und erteilte den Pfalz-Werken einen Produktionsauftrag über 120 Flugzeuge. Die relativ geringe Zahl lag an der schlechten Verfügbarkeit von Siemens-Halske-Motoren, die von erheblichen Produktionsproblemen betroffen waren.

HEIMATVERTEIDIGUNG

Im April 1918 trafen erste Exemplare der D.VIII an der Front ein. Vermutlich wegen anhaltender Motorprobleme wurden sie aber nicht für den Einsatz freigegeben, und erst im Juni erhielt die erste Kampfeinheit eine Pfalz D.VIII. In der Folgezeit erwies die Pfalz sich als ein hervorragendes Flugzeug. In der Steigleistung war sie den zahlreicher produzierten Siemens-Schuckert-D.III und -D.IV ebenbürtig, allerdings war sie nicht so wendig. Es wurde daher empfohlen, die D.VIII als Abfangjäger in der Heimatverteidigung einzusetzen, und tatsächlich gingen ein paar Maschinen an derartige Einheiten. D.VIII kamen bei mindestens drei Jastas an der Westfront zum Einsatz. Einzelheiten darüber sind kaum erhalten, sicher ist aber, dass die beiden erfolgreichen Jagdflieger Paul Baumer (43 Abschüsse) und Harald Aufferth (30 Abschüsse) D.VIII flogen. Wie viele dieser Luftsiege auf einer D.VIII erzielt wurden, ist jedoch unbekannt.

Nur etwa 40 D.VIII wurden gebaut, und noch weniger erreichten die Kampfeinheiten, obwohl ihre Leistungen ausgezeichnet waren. Die alliierten Flieger konnten von Glück sprechen, dass das Muster erst so spät verfügbar wurde.

Pfalz D.XII

Die Pfalz D.XII wurde als Ergänzung zu der kleinen Schar hervorragender Fokker D.VII gebaut. Sie war ein ausgezeichnetes Jagdflugzeug, das aber nie aus dem Schatten ihres berühmteren Zeitgenossen heraustreten konnte.

Alle in Serie produzierten Pfalz-Jagdflugzeuge teilten das Schicksal, die zweite Geige für populärere Rivalen zu spielen. Pfalz-Eindecker hielt man für schwächer als Fokker-Flugzeuge, die Pfalz D.III diente nur als zweite Garnitur für die Albatros D.III. Auch die D.XII war nie so anerkannt wie die Fokker D.VII, was bei ihren sehr guten Flugleistungen ziemlich unfair erscheint.

Der Konstrukteur Rudolf Goeringer wollte die robuste Bauweise der Pfalz D.IIIa beibehalten und gleichzeitig ihre Flugleistungen verbessern, dafür verringerte er die Zellenmaße. Die Konstruktion wurde für hohe Festigkeit und eine glatte, stromlinienförmige Form wieder in Wickelrumpfbauweise ausgeführt. Hinzu kamen neue Tragflächen. Das Pfalz-Flugzeug hatte anstatt der dicken Flügel der Fokker D.VII zwei sehr dünne, stark verstrebte Flächen, die in Deutschland wegen ihrer Ähnlichkeit zur sehr erfolgreichen SPAD S.VII als „SPAD-Typ" bekannt waren. Diese Anordnung war gewichtssparend, erhöhte aber den Luftwiderstand. Beim Erstflug im April 1918 wurden verschiedene Motoren getestet. Die Wahl fiel auf den Mercedes D.IIIa, während der leistungsstärkere BMW-Motor komplett der Produktion der Fokker D.VII zugewiesen wurde.

SCHWERFÄLLIGER KARRENGAUL

Die Pfalz D.XII zeigte beim zweiten Jagdflugzeugwettbewerb in Adlershof im Juni 1918 gute Flugleistungen. Obwohl die berühmten Jagdflieger Ernst Udet und Hans

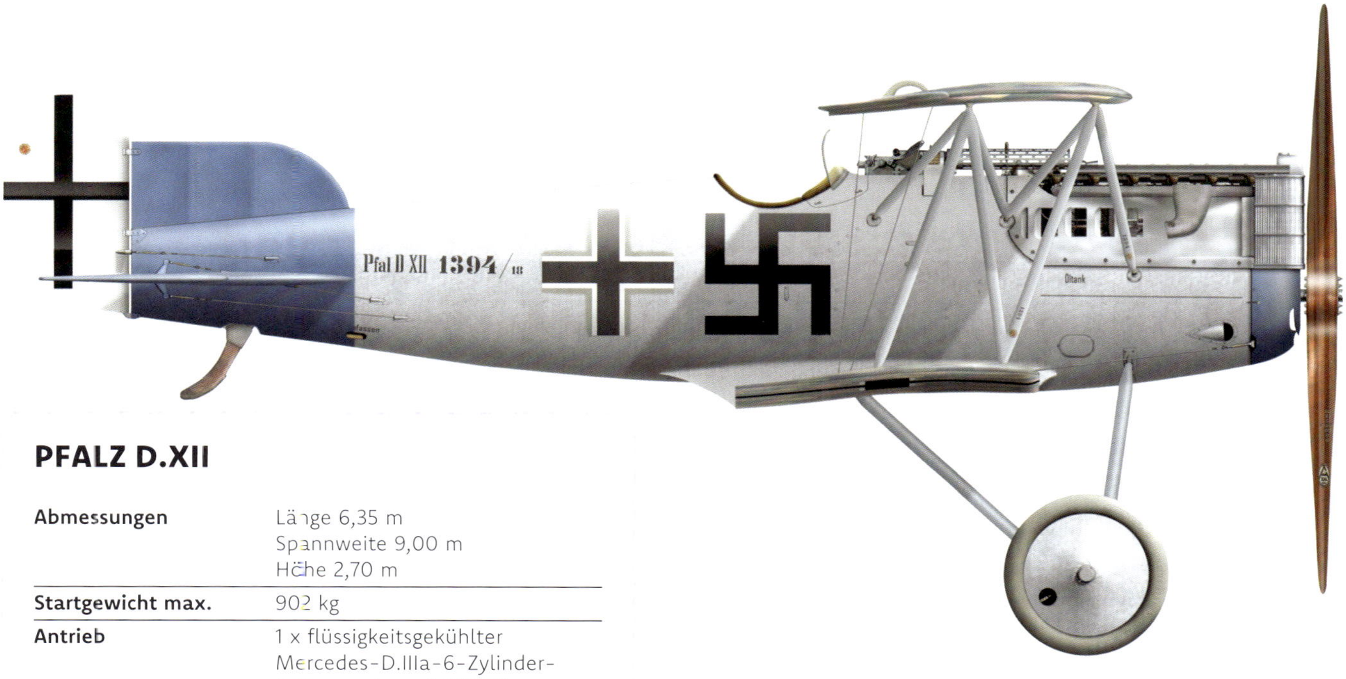

PFALZ D.XII

Abmessungen	Länge 6,35 m Spannweite 9,00 m Höhe 2,70 m
Startgewicht max.	902 kg
Antrieb	1 x flüssigkeitsgekühlter Mercedes-D.IIIa-6-Zylinder-Reihenmotor mit 180 PS
Höchstgeschwindigkeit	180 km/h
Reichweite/Flugzeit	370 km / 2,5 Stunden
Dienstgipfelhöhe	5.600 m (18.500 ft)
Besatzung	1
Bewaffnung	2 x 7,92-mm-lMG-08/15

Pfalz D.XII
Diese Pfalz D.XII der bayerischen Jasta 77b hat das ursprüngliche Seitenleitwerk und Seitenruder. Das Hakenkreuz auf dem Rumpf hatte 1918 noch keine politische Bedeutung und war ein Glücksbringer, der oft bei Freund und Feind verwendet wurde.

Weiss sie ebenfalls favorisierten (unbewiesene Gerüchte besagten später, die beiden seien von Pfalz bestochen worden), bevorzugten die meisten Piloten dennoch die Fokker D.VI. Die Leistungsdaten ähnelten zumindest auf dem Papier denen der Fokker. Die D.XII war trotz ihres schwächeren Motors besser im Sturzflug. Dafür war sie schwerer zu steuern und hatte auch nicht so angenehme Flugeigenschaften wie die Fokker. Rudolf Stark, der Kommandeur der Jasta 35b, schrieb später: „Die Pfalz war ein schwerfälliger Karrengaul, der schwer in den Zügeln lag und nur der brutalsten Gewalt gehorchte."

PRODUKTION

Zum Teil wegen des guten Eindrucks, den der einflussreiche Udet von der D.XII hatte, aber auch aufgrund der Beschaffungspolitik des Königreichs Bayern ging das Flugzeug in die Massenproduktion. Die ersten Exemplare aus der bayerischen Firma erreichten im Juli 1918 die Fronteinheiten, der Großteil ging wenig überraschend an bayerische Jastas. Genaue Produktionszahlen sind nicht bekannt, aber es wurden mindestens 750 Maschinen bestellt, von denen bis zum Waffenstillstand etwa 550 ausgeliefert wurden.

UNBELIEBTES FLUGZEUGMUSTER

Die D.XII war bei den Einsatzpiloten nicht sonderlich beliebt, obwohl sie deutlich bessere Flugleistungen als die Albatros D.V zeigte und nicht die Strukturprobleme der Vorgänger oder die oft fragwürdige Verarbeitungsqualität der Fokker-Produkte hatte. Sie galt jedoch als wenig manövrierfähig, besonders was die Rollrate betraf. Wie die meisten damaligen Flugzeuge neigte auch sie zu abrupten Strömungsabrissen und geriet deswegen leicht ins Trudeln. Zudem dauerte es lange, die komplizierte Verspannung richtig einzustellen, und die Bodenmannschaften mochten das Flugzeug nicht. Dennoch war die D.XII selbst für die neuesten alliierten Flugzeuge ein gefährlicher Gegner. Hatte sich ein Pilot erst einmal auf der D.XII eingeflogen, schätzte er ihre Vorzüge, und viele mochten sie sogar. Im Grunde hatte die Pfalz D.XII keine gravierenden Schwächen. Ihr größtes Problem bestand einfach darin, dass sie keine Fokker D.VII war.

Pfalz D.XII

Diese bayerische D.XII mit der Nummer 2454/18 flog vermutlich bei der Jasta 35b. Sie trägt den Pfalz-Standardtarnanstrich und besitzt die elegant geschwungenen Leitwerkflächen zuletzt gebauter Exemplare.

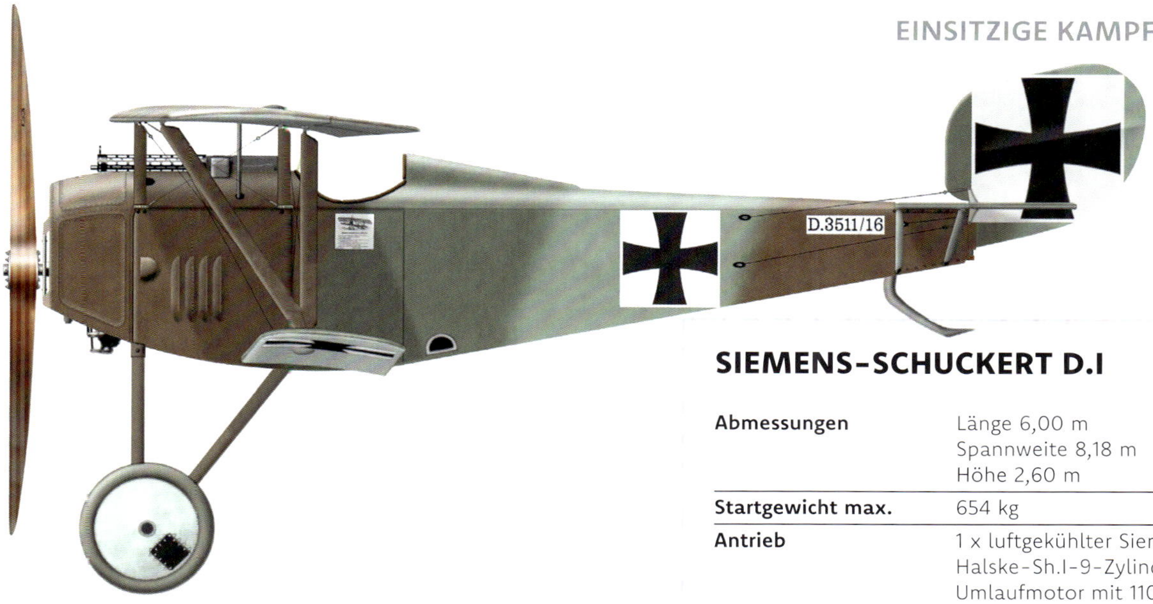

Siemens-Schuckert D.I
Diese frühe D.I flog Karl Emil Schäfer von der Jasta 11 im Mai 1917. Er bekam nach 25 Luftsiegen die Auszeichnung „Pour le Mérite“ und schoss fünf weitere Flugzeuge ab, bevor er kaum einen Monat nach der Ordensverleihung im Luftkampf starb. Das weiße Rechteck unter dem Cockpit zeigt Montagehinweise.

SIEMENS-SCHUCKERT D.I

Abmessungen	Länge 6,00 m Spannweite 8,18 m Höhe 2,60 m
Startgewicht max.	654 kg
Antrieb	1 x luftgekühlter Siemens-Halske-Sh.I-9-Zylinder-Umlaufmotor mit 110 PS
Höchstgeschwindigkeit	172 km/h
Reichweite/Flugzeit	350 km / 2,5 Stunden
Dienstgipfelhöhe	5.000 m (16.404 ft)
Besatzung	1
Bewaffnung	1 x 7,92-mm-lMG-08/15

Siemens-Schuckert D.I

Die D.I der Siemens-Schuckert-Werke (SSW) konnte als äußert seltener Nachbau eines gegnerischen Flugzeugs nicht an die außergewöhnlichen Erfolge des Originals anknüpfen.

Der Einfluss der kleinen Nieuport 17 auf die deutsche Jagdflugzeug-Entwicklung ist kaum hoch genug einzuschätzen. Sie war den Fokker- und Pfalz-Eindeckern im Sommer 1916 deutlich überlegen, und mehrere Hersteller wurden mit erbeuteten Exemplaren des französischen Jägers beliefert. Dessen Konstruktionsmerkmale beeinflussten den Bau verschiedener deutscher Jagdflugzeuge. IdFlieg beauftragte darüber hinaus Siemens-Schuckert und Euler mit Nieuport-Nachbauten. Man hoffte, so die Entwicklungszeit erheblich verkürzen und schnell ein leistungsfähiges Jagdflugzeug an die Front bringen zu können, bis endlich eigene ebenbürtige Konstruktionen verfügbar waren.

Euler produzierte einige Nieuport-Nachbauten, die aufgrund ihrer schwachen Motorleistung überwiegend zu Schulungszwecken eingesetzt wurden. Die Siemens-Schuckert D.I hatte mehr Erfolg, und rund 350 Flugzeuge wurden bis März 1917 bestellt. Sie war eine recht genaue Kopie der Nieuport, wies aber einige Unterschiede auf, vor allem den 110 PS starken Siemens-Halske-Sh.I-Motor. Er drehte langsamer als der Le Rhône 9Ja des Originals, sodass ein Propeller mit größerem Durchmesser angepasst werden musste. Die D.I bekam zudem ein längeres Fahrwerk, um Platz für die größere Luftschraube zu schaffen. Der Abstand zwischen dem oberen Flügel und dem Rumpf wurde verringert, und die Propeller der meisten Maschinen waren mit einer hervorstehenden Nabenhaube ausgestattet.

Die D.I flog sich angenehm, erreichte aber nicht die Leistungen der Nieuport 17, und schleppende Motorenlieferungen verzögerten die Produktion erheblich. Aber in dieser Zeit waren bereits genügend leistungsfähige und stark bewaffnete Albatros D.I und D.II an der Front eingetroffen. Daher wurde im Juli 1917 die Produktion der Siemens-Schuckert D.I nach dem 95. Exemplar eingestellt, weitere 55 teilweise fertige Exemplare gingen in die Mechaniker-Ausbildung. Die Siemens-Schuckert D.I war wegen ihrer mäßigen Flugleistungen nur kurz an der Westfront im Einsatz. Später wurden die meisten Flugzeuge nach und nach auf Jastas an der Ostfront verteilt.

Siemens-Schuckert D.III

Trotz ihres rundlichen Aussehens war die Siemens-Schuckert D.III einer der leistungsstärksten Jäger des gesamten Kriegs. Mit ihrer hervorragenden Steigleistung war die D.III wahrscheinlich der beste Abfangjäger, der vor dem Waffenstillstand zum Einsatz kam.

In Erwartung eines neuen 11-Zylinder-Umlaufmotors mit beispielloser Leistung des angegliederten Herstellers Siemens-Halske baute Siemens-Schuckert drei Flugzeug-Prototypen mit demselben Grunddesign, die sich jedoch in Details unterschieden. Bezeichnet als D.II, D.IIa und D.IIb, wurden im Januar 1917 die ersten beiden Flugzeugzellen fertiggestellt. Leider kam es bei dem technisch komplizierten Siemens-Halske Sh.III zu erheblichen Verzögerungen, und es dauerte fast sechs Monate, bis der erste flugfähige Motor für Tests zur Verfügung stand und ein Flugzeug am 7. Juni 1917 seinen Erstflug absolvieren konnte. Die Endgeschwindigkeit der Prototypen war nicht überragend, aber die Steigleistung war bemerkenswert. Am 5. August brachte Hans Müller, der Testpilot des Unternehmens und zwölffacher Sieger, die D.IIb in 35,5 Minuten auf eine Höhe von 7.000 Metern (22.965 ft), was einen inoffiziellen Rekord darstellte. Er erhielt dafür eine Prämie von 1.500 Mark. Im Oktober wurden drei weitere Prototypen fertiggestellt, im Dezember erfolgte der Auftrag für eine Vorserie von 20 D.IIIs.

PROBLEME BEI DER LANDUNG

Im Januar brachte Siemens-Schuckert beim ersten Jagdflugzeugwettbewerb in Adlershof drei Prototypen und

Siemens-Schuckert D.III
Joachim von Ziegesar flog diese frühe D.III in der Jasta 15. Bemerkenswert sind der vollständig verkleidete Motor, das anders geformte Seitenruder und das Fehlen von Kühlöffnungen im Spinner, verglichen mit dem späteren Exemplar von Ernst Udet, das auf der nächsten Seite abgebildet ist. Ziegesar errang drei bestätigte Siege, überlebte den Krieg und schrieb in den 1930er-Jahren einen spannenden Bericht über den Einsatz der Siemens-Schuckert.

SIEMENS-SCHUCKERT D.III

Abmessungen	Länge 5,75 m Spannweite 8,43 m Höhe 2,80 m
Startgewicht max.	725 kg
Antrieb	1 x luftgekühlter Siemens-Halske-Sh.III-11-Zylinder-Umlaufmotor mit 160 PS
Höchstgeschwindigkeit	170 km/h
Reichweite/Flugzeit	360 km / 2,0 Stunden
Dienstgipfelhöhe	8.000 m (26.000 ft)
Besatzung	1
Bewaffnung	2 x 7,92-mm-lMG-08/15

Siemens-Schuckert D.III

Ernst Udet, Deutschlands erfolgreichstes überlebendes Fliegerass, wurde in diesem Flugzeug fotografiert, als er im September 1918 das Kommando über die Jasta 4 in Metz innehatte, obwohl nicht bekannt ist, ob er es jemals im Kampf geflogen hat. Wie alle Flugzeuge Udets aus den Jahren 1917 und 1918 trägt es den Kosenamen „Lo" seiner Verlobten Eleonore Zink.

eine Vorserienmaschine D.III an den Start. Obwohl Hans Müller die hervorragende Steigleistung des Flugzeugs demonstrierte, empfanden die Piloten die Steuerung als zu schwergängig, die Manövrierfähigkeit als mangelhaft und die Landung der D.III als zu schwierig. Der fünffache Luftsieger Hans von der Osten verglich die D.III mit dem Prototyp der Fokker D.VII wie „einen Elefanten mit einer Mücke" Letztendlich stürzten während des Wettbewerbs drei der Flugzeuge bei der Landung ab, wobei alle Piloten relativ unverletzt blieben. Siemens nahm im Verlauf des Wettbewerbs Änderungen vor, die die Handhabung erheblich verbesserten, und führte dabei einen Vierblatt-Propeller ein, der ein kürzeres Fahrwerk ermöglichte und die Landeprobleme deutlich verringerte. Die D.III hatte ihre hervorragende Höhenleistung bewiesen, aber auch ihre Geschwindigkeit unter 2.000 Metern war etwas besser als die der Fokker D.VII. Obwohl letztere als Gesamtsieger hervorging, bestellte IdFlieg im März 1918 aufgrund der Wettbewerbsergebnisse 80 D.III.

Bis Mai 1918 wurden insgesamt 41 D.III an Kampfeinheiten ausgeliefert, die meisten davon an die Jasta 2 unter Rudolf Berthold. Dort erwiesen sie sich sofort als effektiv. Berthold lobte die „brillante" Steiggeschwindigkeit der D.III. Allerdings gab es Probleme mit dem Sh.III-Motor, bei dem es oftmals nach nur sieben bis zehn Betriebsstunden zu katastrophalen Ausfällen kam. Das Problem war der Mangel an Rizinusöl oder einer geeigneten Alternative. Der synthetische Ersatzstoff Voltol erwies sich ebenfalls als ungeeignet, ein Problem, das durch die Lieferung eines falschen Schmiermittels mit falscher Viskosität noch verschärft wurde. Die Einsätze wurden im Mai unterbrochen, da die D.III zum Austausch des Motors ins Werk zurückgebracht wurden. Bei dieser Gelegenheit forderte IdFlieg ein neues Seitenruder, ein größeres Cockpit, einen anderen Propeller sowie Optimierungen an Quer- und Höhenruder und eine abnehmbare Motorhaube zur Verbesserung der Kühlung. Im Juli schloss der überarbeitete Sh.IIIa-Motor seinen 40-stündigen Zuverlässigkeitstest erfolgreich ab, und das Flugzeug wurde wieder in Dienst gestellt.

FLUGAUSBILDUNG AN DER FRONT

Obwohl die D.III sehr wendig war, wurde festgestellt, dass sie ein weit höheres Maß an fliegerischem Können erforderte als die relativ leicht zu handhabende Fokker D.VII. Aus diesem Grund besuchten Hans Müller und Bruno Rodschinka, Testpiloten von Siemens-Schuckert, Einheiten an der Front, um die Einsatzpiloten vor Ort zu unterweisen und dort Flugvorführungen durchzuführen. Müller war am 21. August anwesend, als Theodor Osterkamp, das Fliegerass der Marine, eine DH.4 in 6.000 Metern Höhe (19.685 Fuß) abfing. Die Kombination aus diesen Besuchen und den ersten Kampfsiegen führte dazu, dass das Vertrauen in diesen Flugzeugtyp gestärkt wurde, sodass ein Pilot der Kest 8 am 2. Oktober schrieb: „Die Siemens ist den alliierten Flugzeugen weit überlegen." Die Siemens-Schuckert D.III wurde bis zum Ende des Kriegs mit großem Erfolg eingesetzt.

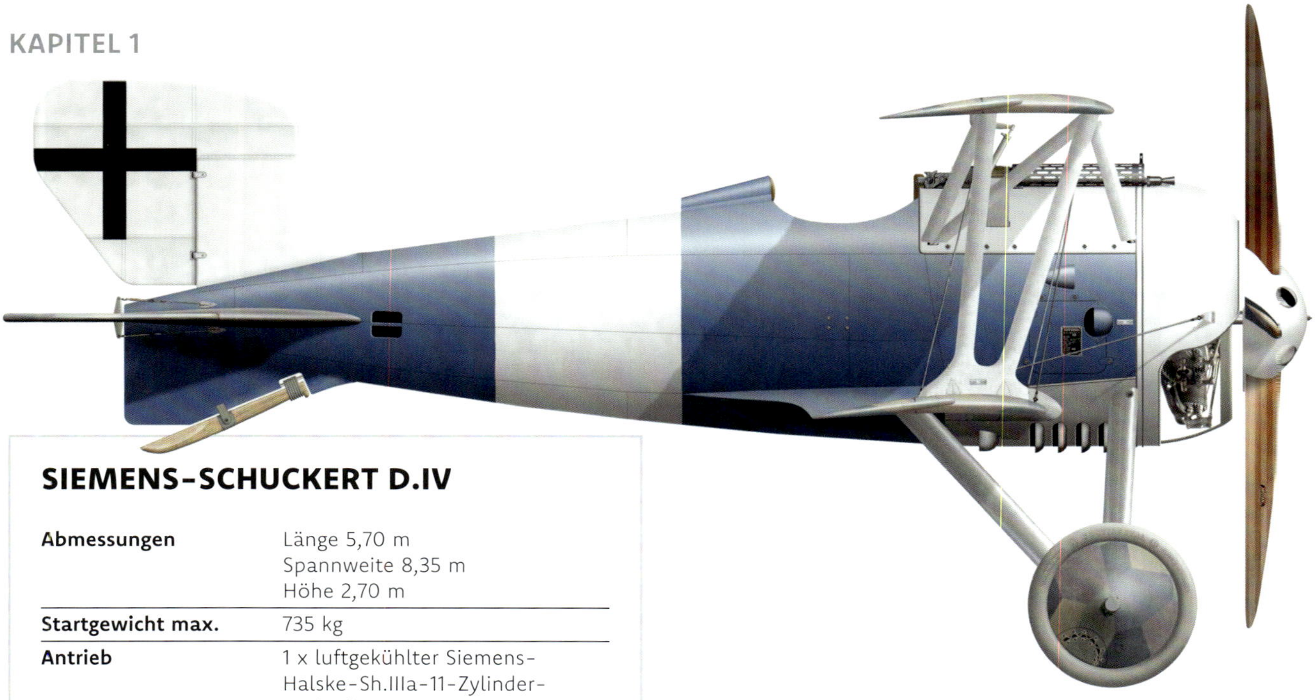

SIEMENS-SCHUCKERT D.IV

Abmessungen	Länge 5,70 m Spannweite 8,35 m Höhe 2,70 m
Startgewicht max.	735 kg
Antrieb	1 x luftgekühlter Siemens-Halske-Sh.IIIa-11-Zylinder-Umlaufmotor mit 240 PS
Höchstgeschwindigkeit	190 km/h
Reichweite/Flugzeit	380 km / 2,0 Stunden
Dienstgipfelhöhe	8.000 m (26.000 ft)
Besatzung	1
Bewaffnung	2 x 7,92-mm-lMG-08/15

Siemens-Schuckert D.IV
Die wenigen noch an die Front gelangenden D.IV leisteten sehr gute Dienste. Hermann Becker, Kommandant der Jasta 12, gehörte zu ihren zufriedenen Piloten. Am Nachmittag des 3. November 1918 schoss er eine SPAD XIII ab, es war sein 23. und letzter Sieg auf dieser Maschine.

Siemens-Schuckert D.IV

Die Siemens-Schuckert D.IV war noch leistungsfähiger als die sehr gelungene D.III. Sie konnte es als eines der wenigen Flugzeuge mit der Fokker D.VII aufnehmen, dem besten deutschen Jagdflugzeug des Kriegs.

Siemens-Schuckert und die Verantwortlichen von IdFlieg waren überrascht, dass die Piloten des ersten Jagdflugzeugwettbewerbs einhellig die Höchstgeschwindigkeit als wichtigste Eigenschaft einsitziger Jäger bezeichneten. Siemens-Schuckert versah die D.III aus diesem Grund mit Flügeln mit kürzerer Profilsehne und geringerer Fläche, was die Geschwindigkeit auf Kosten der Steigrate erhöhte. Das umgestaltete Flugzeug nahm unter seiner neuen Bezeichnung D.IV am zweiten Jagdflugzeugwettbewerb im Mai und Juni 1918 teil. Es war nach einhelliger Meinung der anwesenden Frontpiloten das beste Jagdflugzeug mit Sh.IIIa-Antrieb und zudem wendiger als die zweitplatzierte Pfalz D.VIII. Daraufhin beschloss man, die Pfalz für die Heimatverteidigung zu empfehlen und Siemens-Schuckert-Flugzeuge an die Front zu schicken. IdFlieg bestellte am 26. Juli 60 D.IV und weitere 250 bis zum Waffenstillstand. Während des Kriegs wurden aber nur 123 fertiggestellt, von denen etwa die Hälfte zu den Kampfeinheiten gelangte.

DER FRIEDENSVERTRAG VON VERSAILLES

Die D.IV war kampfstark und an der Front beliebt. Selbst das Jagdgeschwader Richthofen, das die D.III abgelehnt hatte, forderte nach einer Vorführung von Hans Müller am 5. Oktober „zwölf gute D.IV-Jäger und weitere zwölf, sobald die ersten ausgeliefert sind“. Oberhalb von 4.000 Metern Höhe war die D.IV schneller und wendiger als die vielgepriesene Fokker D.VII. Ihre Produktion lief sogar nach dem Waffenstillstand weiter. Siemens-Schuckert entwickelte in dieser Zeit den D.V-Doppeldecker und den äußerst vielversprechenden Hochdecker D.VI, bis der Vertrag von Versailles die gesamte deutsche Militärflugzeugentwicklung und -produktion im Juni 1919 zum Erliegen brachte.

Fokker Dr.I

Der Fokker-Dreidecker ist das berühmteste Flugzeug des Ersten Weltkriegs und untrennbar mit Manfred von Richthofen verbunden. Dabei hatte die Dr.I allenfalls mäßigen Erfolg, denn sie war zwar unglaublich wendig, aber strukturell anfällig und nicht einfach zu fliegen.

Während des Ersten Weltkriegs waren die deutschen Behörden deutlich mehr als Franzosen oder Briten daran interessiert, gegnerische Jagdflugzeugentwicklungen in eigene Konstruktionen einfließen zu lassen. Die Doppeldecker-Bauweise der Nieuport 17 beeinflusste eine ganze Generation von deutschen Jägern. Bald darauf rief der unglaubliche Erfolg des Sopwith-Dreideckers eine wahre Flut von Dreideckern hervor, die von mehreren deutschen Herstellern entwickelt wurden. Aber nur die Fokker Dr.I kam in großen Stückzahlen heraus. Fokker übernahm die Grundform des Sopwith-Dreideckers und machte daraus eine ganz eigenständige Konstruktion.

Die Fokker Dr.I hatte drei freitragende Flächen – wie auch der erste Prototyp Fokker V.4, der ebenfalls keine Streben zwischen Flügeln besaß – und zudem geringere Abmessungen. Die V.4 machte im Frühsommer 1917 den Erstflug und wurde zur V.5 weiterentwickelt, von der drei Exemplare entstanden. Zwei dieser Vorserienprototypen mit der IdFlieg-Bezeichnung F.I kamen zum Einsatz. Mit einem dieser Flugzeuge erzielte von Richthofen seinen 60. Luftsieg. Es ging später im Luftkampf mit Sopwith-Camels verloren, dabei starb Kurt Wolff, ein Jagdflieger mit 33 Luftsiegen. Den anderen Prototyp flog Werner Voss.

GROSSES LOB

Voss, damals der erfolgreichste Jagdflieger nach von Richthofen, war von der F.I begeistert. Nachdem er im Juli 1917 einen der brandneuen Dreidecker in Fokkers

FOKKER DR.I

Abmessungen	Länge 5,75 m Spannweite 7,20 m Höhe 2,95 m
Startgewicht max.	586 kg
Antrieb	1 x luftgekühlter Oberursel-Ur.II-9-Zylinder-Umlaufmotor mit 110 PS
Höchstgeschwindigkeit	160 km/h
Reichweite/Flugzeit	300 km / 1,5 Stunden
Dienstgipfelhöhe	6.500 m (21.325 ft)
Besatzung	1
Bewaffnung	2 x 7,92-mm-lMG-08/15

Fokker F.I
Diese Vorserien-F.I des Jagdfliegers Werner Voss trug die Fokker-Standardlackierung: Die Bespannung ist grün gestreift, die Unterseite blau. Obwohl Voss das Flugzeug nicht einmal einen Monat flog, fand er die Zeit, seinen Dreidecker mit einem Schnurrbartgesicht zu verzieren, die Kühleröffnungen in der vorderen Verkleidung nutzte er als Augen.

Fokker Dr.I
Josef Jacobs war der erfolgreichste Dr.I-Pilot und flog das Muster bis zum Kriegsende. In seiner Laufbahn nutzte er mindestens zwei ganz schwarz lackierte Dreidecker. Dieses Exemplar trägt ungewöhnliche „negative" weiße Kreuze auf Rumpf und Flügeln und die vertrauten schwarzen Kreuze an beiden Seiten des Seitenruders. Nach dem Krieg widmete sich Jacobs dem Rennsport und Bobschlittenfahren und musste als überzeugter Nazi-Gegner während des Zweiten Weltkriegs untertauchen.

Schweriner Werk getestet hatte, empfahl er die sofortige Einführung. Diese F.I erhielt Voss als persönliches Flugzeug. Er erzielte darauf seine letzten elf Abschüsse, bevor er in einem legendären Luftkampf umkam. Er bekämpfte dabei im Alleingang sechs SE.5a, die von Fliegerassen der Elitestaffel 56 Squadron geflogen wurden. Er konnte alle Angreifer treffen, bis sein Motor nach zehn Minuten Luftkampf aus unbekannten Gründen ausfiel und man ihn abschiessen konnte.

Angesichts der Begeisterung der Elite-Piloten für das neue Flugzeug ging die F.I als Fokker Dr.I („Dr" für Dreidecker) in Produktion. Sie unterschied sich von der F.I nur durch das etwas anders geformte Höhenleitwert (die Vorderkante war gerade, nicht leicht gebogen wie bei der F.I) und Kufen unter den Flügelspitzen, um Schäden bei einem Bodenkontakt zu verhindern. Im September bestellte IdFlieg 100 Dr.I, im November weitere 200.

Die ersten Erfahrungen waren gut. Das Flugzeug war besonders im Vergleich zu den damaligen Albatros- und Pfalz-Jägern äußerst manövrierfähig und zeigte ausgezeichnete Steigraten. Manfred von Richthofen bemerkte, die Dr.I könne „klettern wie ein Affe und manövrieren wie der Teufel".

BEEINDRUCKENDES FLUGVERHALTEN

Die Handhabung der Dr.I galt nicht als sonderlich schwierig. Ihr instabiles Flugverhalten machte es aber unmöglich, längere Zeit „freihändig" zu fliegen, und das Flugzeug musste ständig vom Piloten überwacht werden. Franz Hemer, später Flieger auf der deutlich überlegenen Fokker D.VII, bemerkte: „Der Dreidecker war meine Lieblingskampfmaschine, weil sie so wunderbare Flugeigenschaften hatte. Ich konnte Kunststücke machen - Loopings und Rollen - und einem Feind durch Sturzflug mit vollkommener Sicherheit ausweichen." Die Rollrate war wegen der relativ unwirksamen, nur am oberen Flügel angebrachten Querruder nicht sehr zufriedenstellend. Dafür hatte das Flugzeug leichtgängige, wirkungsvolle Seiten- und Höhenruder. Es konnte erstaunlich um die Hochachse drehen und dabei steuerbar bleiben.

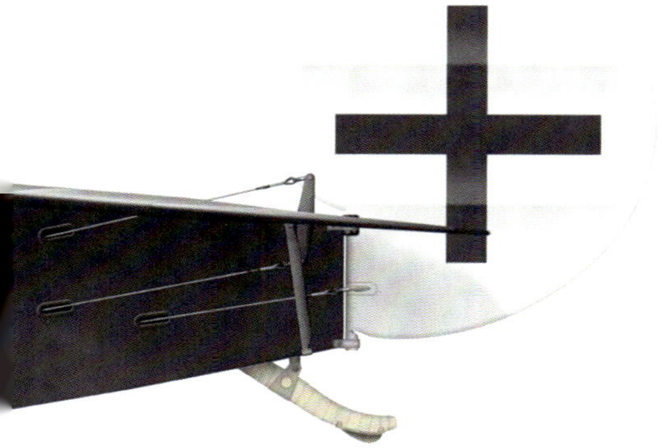

Das machte sich Werner Voss bei seinem letzten Flug zunutze. Der SE.5a-Pilot Geoffrey Bowman stellte dazu fest: „Zu meinem Erstaunen trat er auf vollen Ruderausschlag ohne Schräglage, zog die Nase leicht nach oben, schoss eine Salve auf mich ab, während er zur Seite wegbrach. Dann trat er in das entgegengesetzte Seitenruder, ohne dass sich dieses erstaunliche Kunststück irgendwie auf die Steuerbarkeit seiner Maschine auszuwirken schien.“ Das Drehmoment des Umlaufmotors bewirkte wie beim großen Gegner Sopwith Camel, dass die Dr.I schneller nach rechts als nach links drehte.

STARTVERBOT

Die Dr.I schien ihren Konstrukteuren Recht zu geben. Im Herbst 1917 galt sie als das beste Jagdflugzeug der Jastas, doch mit dem kleinen Dreidecker lief nicht alles gut. Heinrich Gontermann, ein Jagdflieger mit 39 Luftsiegen, kam ums Leben, als seine Dr.I beim Kunstflug über dem Flugplatz in der Luft auseinanderbrach. Zwei Tage später ereilte Günther Pastor aus von Richthofens Jasta 11 das gleiche Schicksal, diesmal im Geradeausflug. IdFlieg verhängte ein Startverbot und stoppte die Produktion des Dreideckers bis zum Ende der Unfalluntersuchungen. Zu diesem Zeitpunkt waren nur 17 Exemplare im Einsatz. Die Tests ergaben, dass die Tragflächen der Dreidecker Konstruktionsfehler aufwiesen und ihre Festigkeit durch ungenügende Wasserdichtigkeit verloren. Daher wurde Anthony Fokker angewiesen, die Tragflächen aller Dr.I auf eigene Kosten zu ersetzen und die Fertigung nach strengeren Maßstäben fortzusetzen. Ende November durften die Dreidecker wieder fliegen, die Produktion wurde Ende Dezember wieder aufgenommen. Doch trotz strengerer Qualitätskontrollen traten weiter Mängel an den oberen Tragflächen auf. Hans Joachim Wolff und Manfred von Richthofens jüngerer Bruder Lothar, die beide der Jasta 11 angehörten, überlebten im Februar und März 1918 nur mit viel Glück Unfälle durch Schäden der oberen Flügel. Rückschläge wie diese sorgten dafür, dass

Fokker Dr.I

Diesen überwiegend rotlackierte Dreidecker flog August Raben, Kommandeur der Jasta 18. Seine Maschine trägt das Symbol eines Raben, das später als Einheitsabzeichen der Jasta übernommen wurde. Allerdings trug nur Rabens Maschine einen weißen Raben, die übrigen Flugzeuge der Jasta 18 einen schwarzen.

DER ROTE BARON

Manfred Freiherr von Richthofen wurde 1892 in Schlesien als Spross einer Adelsfamilie geboren und war mit 80 Luftsiegen der führende Jagdflieger des Ersten Weltkriegs. Er begann im Mai 1915 mit der fliegerischen Grundausbildung, diente als Beobachter an der Ostfront und wurde dann Jagdflieger bei der Jasta 2. Sein erstes Ziel, eine F.E.2b, schoss er am 17. September 1916 an der Westfront bei Cambrai ab. Nach 16 Luftsiegen auf einer Albatros D.II erhielt von Richthofen das Kommando über die Jasta 11, wo er in nur sechs Monaten 40 Abschüsse erzielte. Im Juni 1917 wurde er zum Kommandeur des ersten Jagdgeschwaders ernannt. In dieser Funktion fiel er am 21. April 1918 im Kampf.

die Produktion der Dr.I im Mai 1918 nach dem Bau von nur 320 Exemplaren eingestellt wurde.

MIT EINEM FLÜGEL UND EINEM STOSSGEBET

Nach dem Krieg ergaben Tests mit neuen Geräten, dass der obere Flügel bis zu zweieinhalb Mal mehr Auftrieb erzeugte als die beiden anderen und sich buchstäblich vom Flugzeug zu lösen versuchte.

Die Dr.I wurde allmählich vom Fronteinsatz bei den Jastas abgezogen und Ausbildungs- und Heimatverteidigungseinheiten zugewiesen. In der Ausbildungsversion kam häufig der schwächere Goebel Goe.II mit 100 PS anstelle des Oberursel-Motors zum Einsatz. Einige der bedeutenderen Piloten behielten eine Dr.I zu ihrem persönlichen Gebrauch, daher verblieb eine kleine Zahl von Flugzeugen bis zum Waffenstillstand an der Front im Einsatz. Das letzte gehörte Josef Jacobs, dem erfolgreichsten Jagdflieger auf der Dr.I. Er erzielte 24 seiner etwa 48 Luftsiege mit dem Dreidecker, den letzten am 28. Oktober 1918. Es verwundert, dass ein nur in kleinen Stückzahlen gebautes und kurz eingesetztes Flugzeug heute so berühmt ist. Der Grund ist natürlich seine Verbindung mit dem Roten Baron. Manfred von Richthofen und seine Dr.I wurden in ihrer kurzen gemeinsamen Zeit so ungestüm gepriesen, dass dem Flugzeug geradezu märchenhafte Fähigkeiten nachgesagt wurden.

Von Richthofen errang die meisten seiner Siege auf Albatros-Flugzeugen, doch auf dem Höhepunkt seines Ruhms flog er fast ausschließlich die Fokker. Er erzielte damit 19 seiner insgesamt 80 Abschüsse, bis er am 21. April 1918 in seiner rot lackierten Dr.I starb. Einer von von Richthofens Dreideckern überlebte den Krieg und erhielt einen Platz im Zeughausmuseum in Berlin. Leider wurde er 1943 bei einem britischen Bombenangriff zerstört – ein bedauerliches Ende dieser unbestreitbar charismatischen Maschine.

Fokker Dr.I

Diese Dr.I mit dem Spitznamen „Die optische Täuschung“ flog Hans Kirschstein, 27 Luftsiege, als Kommandeur der Jasta 4. Als Ernst Udet im Frühjahr 1918 mit dem Kommando über die Staffel auch das Flugzeug übernahm, behielt er die auffälligen Zebrastreifen bei, fügte aber sein persönliches „Lo“-Zeichen an den Rumpfseiten hinzu.

Werner Voss war ein guter Freund Manfred von Richthofens, selbst ein hervorragender Pilot und begeisterter Verfechter des Fokker-Dreideckers. Dieses Vorserienflugzeug F.I (Abbildung auf Seite 47) erhielt Voss zum persönlichen Gebrauch, und er ließ einen französischen Le-Rhône-Motor anstelle des üblichen Oberursel-Motors einbauen. Die Zeichnung ist Darstellungen kämpfender japanischer Drachen nachempfunden.

Fokker Dr.I
Eine der vom Roten Baron geflogenen Dr.I trug die Seriennummer 425/17. In diesem Flugzeug fand er den Tod. Bis heute ist nicht klar, ob er der Sopwith Camel des Jagdfliegers Arthur Brown oder dem Bodenfeuer australischer Truppen zum Opfer fiel.

HECK
Das abgerundete, kommaförmige Seitenruder ohne separates Leitwerk war ein typisches Kennzeichen der frühen Jagdflugzeuge Anthony Fokkers. Direkt unter dem Seitenruder befand sich ein Schleifsporn.

AUFTRIEBSFLÄCHE
Eine weitere Auftriebsfläche an der Achse des festen Hauptfahrwerks machte die bereits erstaunlich wendige Fokker Dr.I noch agiler.

FOKKER DR.I

Abmessungen	Länge 5,75 m Spannweite 7,20 m Höhe 2,95 m
Startgewicht max.	586 kg
Antrieb	1 x luftgekühlter Oberursel-Ur.II-9-Zylinder-Umlaufmotor mit 110 PS
Höchstgeschwindigkeit	160 km/h
Reichweite/Flugzeit	300 km / 1,5 Stunden
Dienstgipfelhöhe	6.500 m (21.325 ft)
Besatzung	1
Bewaffnung	2 x 7,92-mm-lMG-08/15

BEWAFFNUNG
Die beiden lMG 08/15 saßen nebeneinander im oberen vorderen Rumpf. Die luftgekühlten Waffen mit Gurtführung konnten mit je 500 Schuss Munition bestückt werden, die hinter dem Kraftstofftank untergebracht waren.

FLÜGELANORDNUNG
Mit ihren drei Tragflächen besaß die Dr.I wie andere Kampfaufklärer ihrer Zeit die bewährte Auslegung des britischen Sopwith-Dreideckers.

Fokker Eindecker

Die E-Serie von Fokker umfasste die ersten Flugzeuge mit Unterbrechergetriebe, bei denen das Maschinengewehr durch den Propellerkreis feuern konnte. Sie waren die ersten richtigen Jagdflugzeuge der Welt und zählen heute zu den bedeutendsten Kampfflugzeugen der Luftfahrtgeschichte.

Die Ausrüstung deutscher Flugzeuge mit Maschinengewehren hinkte hinter den Alliierten her. Zu Beginn des Jahres 1915 trugen französische und britische zweisitzige Flugzeuge standardmäßig leichte Maschinenwaffen, während die deutschen noch keine hatten. Daher war das Auftauchen des bewaffneten Eindeckers im Sommer 1915 ein tiefer Schock für die Alliierten und demonstrierte, wie rasant sich Deutschlands technische Fähigkeiten gewandelt hatten. Dies war nur durch die Entwicklung des Parabellum MG 14 und des Bergmann-MG möglich, die Anfang 1915 allmählich zu den Luftwaffen-Einheiten gelangten.

SYNCHRONISIERTES MG-FEUER

Eine andere mit dem Eindecker eingeführte wichtige Neuerung war, MG-Salven präzise und zuverlässig durch den Propellerkreis feuern zu können, ohne dessen Blätter zu treffen. Der französische Flieger Roland Garros hatte an den Flügeln seines Morane-Saulnier-Eindeckers vom Typ L dreieckige Metallplatten angebracht. Sie lenkten das eine oder andere Geschoss ab, das ansonsten den Propeller durchschlagen hätte.

Nachdem Garros mit Hilfe seiner Maschinengewehr-Technik die ersten drei Luftsiege errungen hatte, zwang ihn Bodenfeuer über deutschem Gebiet zur Landung. Er

Fokker E.I

Mit einer Fokker E.I 5/15 errang Kurt Wintgens im Juli 1915 seinen ersten Luftsieg auf einem Eindecker. Es war der erste Auftritt der gefürchteten „Fokker-Geißel", die eine neue Ära des Luftkampfes einläutete. Das abgebildete Flugzeug hat das schwarze Seitenruder der FFA 48. Wintgens diente bei dieser Einheit zur Zeit seines ersten bestätigten Abschusses. Der aus dem Cockpit ragende Gegenstand ist eine Kopfstütze, die man anfangs als wichtig zur effektiven Nutzung des Visiers erachtete.

FOKKER E.I

Abmessungen	Länge 6,75 m Spannweite 8,95 m Höhe 2,40 m
Startgewicht max.	560 kg
Antrieb	1 x luftgekühlter Oberursel-U.0-9-Zylinder-Umlaufmotor mit 80 PS
Höchstgeschwindigkeit	130 km/h
Reichweite/Flugzeit	200 km / 1,5 Stunden
Dienstgipfelhöhe	3.000 m (9.800 ft)
Besatzung	1
Bewaffnung	1 x 7,92-mm-Parabellum-MG-14 oder 1 x 7,92-mm-lMG-08/15

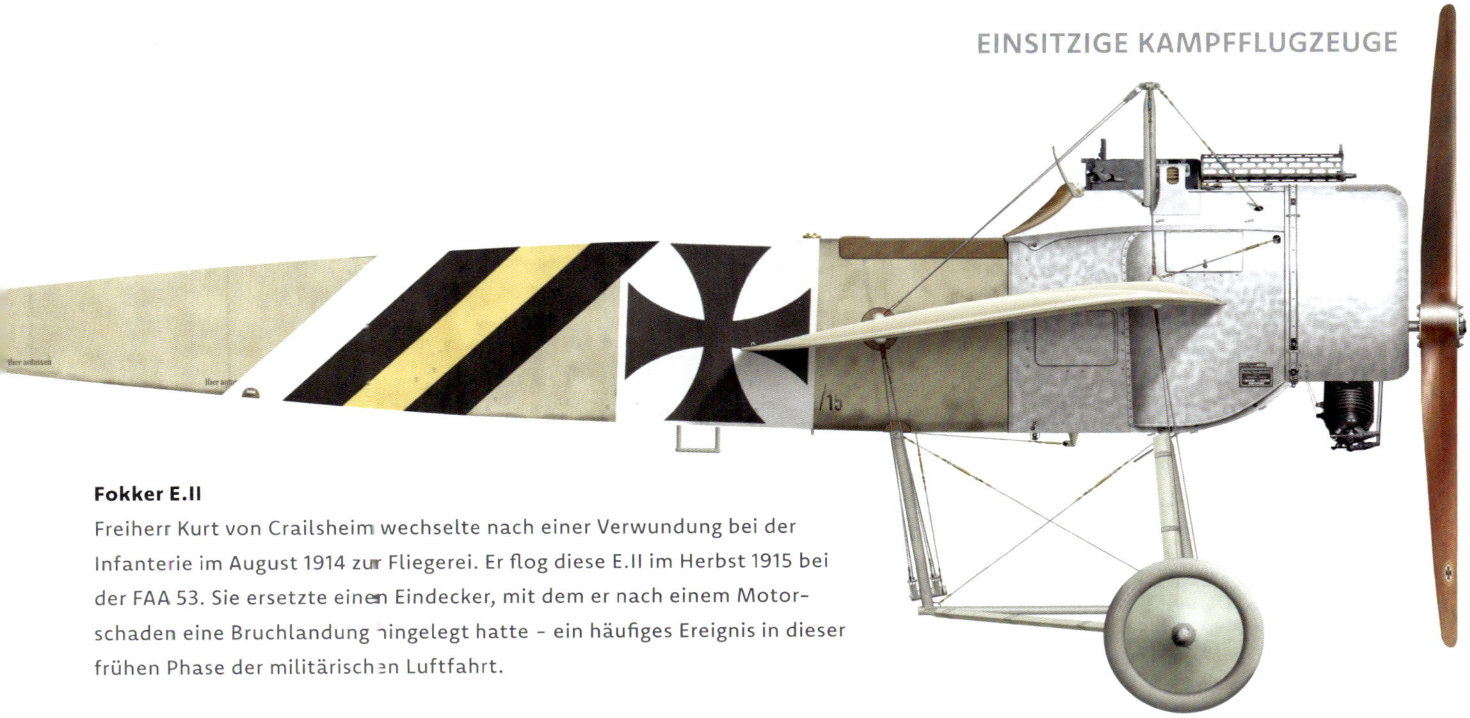

Fokker E.II
Freiherr Kurt von Crailsheim wechselte nach einer Verwundung bei der Infanterie im August 1914 zur Fliegerei. Er flog diese E.II im Herbst 1915 bei der FAA 53. Sie ersetzte einen Eindecker, mit dem er nach einem Motorschaden eine Bruchlandung hingelegt hatte – ein häufiges Ereignis in dieser frühen Phase der militärischen Luftfahrt.

setzte sein beschädigtes Flugzeug in Brand, das Geschütz und der Propeller blieben aber unversehrt. Das deutsche Militär befahl nach einer Untersuchung, ein ähnliches Modell zu bauen. Der geniale holländische Konstrukteur Anthony Fokker behauptete später, er hätte das Synchronisationsgetriebe für die Eindecker innerhalb von 48 Stunden entwickelt, nachdem er vom deutschen Oberkommando den Auftrag bekam. Dies war wie viele von Fokkers großspurigen Behauptungen gelogen, denn er hatte mindestens sechs Monate an einem solchen System gearbeitet.

Schon im Juli 1913 hatte Franz Schneider das Patent für ein Synchronisierungssystem erhalten, Einzelheiten wurden im September 1914 in der Zeitschrift „Flugsport" veröffentlicht. Das preußische Kriegsministerium zeigte aber kein Interesse, was sich jedoch unter dem Druck der Kriegsverhältnisse bald ändern sollte.

Fokker stattete einen seiner M.5K-Eindecker, der im Wesentlichen eine bessere Version der Morane-Saulnier Typ G war, mit einem synchronisierten Parabellum MG 14 aus und führte ihn Mitte Mai 1915 den deutschen Beamten vor. Beeindruckt von den Ergebnissen, ließ man fünf Fokker A.III mit Geschützen versehen. Sie erhielten die Bezeichnung Fokker E (für „Eindecker mit MG"). Die beiden Piloten Otto Parschau und Kurt Wintgens waren besonders intensiv an der Einsatzerprobung dieser so bewaffneten M.5K beteiligt. Wintgens schoss am 1. Juli 1915 eine Morane-Saulnier Typ L ab. Es war der erste, wenn auch unbestätigte Luftsieg eines deutschen Jagdflugzeugs und der weltweit erste mit synchronisiertem Maschinengewehr. Auch der zweite Abschuss einer Morane drei Tage später konnte nicht bestätigt werden, da beide Flugzeuge hinter der französischen Linie abstürzten. Am 15. Juli gelang Wintgens der erste bestätigte Sieg mit einem Fokker Eindecker, abermals über eine Morane. Die späteren Fliegerhelden Oswald Boelcke und Max Immelmann erhielten ebenfalls im Juli zwei der ersten fünf M.5K-Eindecker. Beide erzielten im August mehrere Abschüsse. Der große Erfolg der Fokker zog einen Produktionsauftrag nach sich, aus dem insgesamt 54 Exemplare der E.I entstanden. Bei der Herstellung wurde der Flügel von der Rumpfschulter bis zur Rumpfmitte leicht abgesenkt, um die Sicht des Piloten zu verbessern. Das lMG 08/15 wurde zur Standardausrüstung, nachdem sich die synchronisierte Parabellum MG 14 als zu unzuverlässig erwiesen hatte.

FOKKER E.II

Abmessungen	Länge 7,20 m Spannweite 9,52 m Höhe 2,40 m
Startgewicht max.	580 kg
Antrieb	1 x luftgekühlter Oberursel-U.I-9-Zylinder-Umlaufmotor mit 100 PS
Höchstgeschwindigkeit	135 km/h
Reichweite/Flugdauer	200 km / 1,5 Stunden
Dienstgipfelhöhe	3.000 m (9.800 ft)
Besatzung	1
Bewaffnung	1 x 7,92-mm-lMG-08/15

VERFÜGBARKEIT DER MOTOREN

Bevor die E.I in Dienst gestellt wurde, hatte Fokker bereits die E.II gebaut. Sie erhielt den 100-PS-Motor Oberursel U.I, einen Nachbau des französischen Gnome Monosoupape. Er ersetzte den 80-PS-Oberursel U.0 der E.I, einen Nachbau des Gnome Lambda. Beide Flugzeugvarianten wurden gleichzeitig produziert. Ob eine Flugzeugzelle als E.I oder E.II fertiggebaut wurde, hing von der Verfügbarkeit des Motors ab. Beide Typen bekamen zur Geschwindigkeitserhöhung Tragflächen mit einer geringeren Spannweite, die sowohl die Handhabung als auch die Steigleistung etwas beeinträchtigten, und einen leicht verlängerten Rumpf, der das Gewicht des stärkeren Motors ausgleichen sollte.

„FOKKER-FUTTER“

Bis zur Umstellung auf die neue Hauptvariante E.III im Dezember 1915 entstanden 49 E.II. Zu diesem Zeitpunkt hatten die Eindecker-Piloten der Fliegertruppe bereits sehr viele Abschüsse erzielt, was auf beiden Seiten eine gewaltige Wirkung zeigte. Für die Briten wurde der von der Presse Mitte 1916 geprägte Begriff „Fokker Scourge“ (Geißel) schnell zum geflügelten Wort. Britische Piloten wurden in der Heimat als „Fokker-Futter“ bedauert. Die Lage schien so ernst, dass es Anfragen im Parlament gab. Aus heutiger Sicht erscheint diese Hysterie etwas übertrieben, denn die tatsächlichen Verluste durch Fokker-Angriffe waren für spätere Verhältnisse gering.

28 Luftsiege wurden von Eindecker-Piloten in den letzten sechs Monaten des Jahres 1915 erzielt. Der fatale Eindruck, ein scheinbar unbesiegbares deutsches Flugzeug habe die Luftüberlegenheit gewonnen, hatte aber katastrophale Auswirkungen auf die britische Kampfmoral. Der Pilot und Autor Cecil Lewis erinnerte sich: „Gerüchte und ein paar gewonnene Luftkämpfe hatten dazu geführt, dass das Flugzeug von den Piloten unserer damals langsamen und schwerfälligen Maschinen respektiert, um nicht zu sagen gefürchtet wurde.“ In der deutschen Presse wurden Boelcke und Immelmann (sehr zum Leidwesen des schüchternen Boelcke) über die Maßen gelobt. Immelmanns E.I ging bereits im Frühjahr 1916 als Ausstellungsstück in das sächsische Armeemuseum, ein Beweis für die Verehrung des Eindeckers.

Fokker E.III

Ernst Udet ging mit 62 bestätigten Luftsiegen als erfolgreichster überlebender deutscher Jagdflieger aus dem Ersten Weltkrieg hervor. Den ersten Sieg errang er am 18. März 1916 auf dieser Fokker E.III mit der Werknummer 105/15, als er um 17.10 Uhr eine französische Farman über Mühlhausen abschoss.

FOKKER E.III

Abmessungen	Länge 7,20 m Spannweite 9,52 m Höhe 2,40 m
Startgewicht max.	610 kg
Antrieb	1 x luftgekühlter Oberursel-U.I-9-Zylinder-Umlaufmotor mit 100 PS
Höchstgeschwindigkeit	140 km/h
Reichweite/Flugzeit	220 km / 2,5 Stunden
Dienstgipfelhöhe	3.600 m (11.810 ft)
Besatzung	1
Bewaffnung	1–2 x 7,92-mm-lMG-08/15

FOKKER E.IV

Abmessungen	Länge 7,50 m Spannweite 10,00 m Höhe 2,70 m
Startgewicht max.	610 kg
Antrieb	1 x luftgekühlter Oberursel-U.III-14-Zylinder-Umlaufmotor mit 160 PS
Höchstgeschwindigkeit	160 km/h
Reichweite/Flugzeit	240 km / 1,5 Stunden
Dienstgipfelhöhe	4.500 m (14.763 ft)
Besatzung	1
Bewaffnung	2–3 x 7,92-mm-lMG-08/15

Fokker E.IV
Max Immelmann war der berühmteste Eindecker-Pilot und erzielte sämtliche 15 Siege mit diesen Flugzeugen. Er war nicht nur der Namensgeber des wohlbekannten Flugmanövers, sondern auch der erste Träger der höchsten militärischen Auszeichnung Preußens im Ersten Weltkrieg, des „Pour le Mérite". Immelmann soll ihm zu Ehren den Spitznamen „Blauer Max" erhalten haben. Mit dieser E.IV 127/16 errang Max Immelmann im März 1916 drei bestätigte und einen unbestätigten Luftsieg.

E.III

Zu diesem Zeitpunkt standen bereits viele E.III im Fronteinsatz. Sie hatten den gleichen Motor wie die E.II und unterschieden sich von ihr nur durch neue und etwas schmalere Tragflächen und einen größeren Kraftstofftank, der ihnen eine Flugdauer von zweieinhalb Stunden ermöglichte. 249 Exemplare wurden insgesamt gebaut, einige E.II wurden bei Reparaturarbeiten im Fokker-Werk in Schwerin auf den E.III-Standard umgerüstet.

Neue alliierte Flugzeuge, allen voran die D.H.2- und Nieuport-Doppeldecker, waren aber inzwischen deutlich leistungsfähiger als die Fokker-Eindecker. Eine im April 1916 intakt erbeutete E.III offenbarte den verblüfften alliierten Fachleuten, wie schwach die Leistungen des Fokker-Eindeckers waren. Derweil erzeugte die Nieuport bei deutschen Fliegern den Schrecken, den Monate zuvor der Eindecker beim Gegner hervorgerufen hatte.

E.IV

Immer mehr Piloten flogen erbeutete Nieuport-Flugzeuge im Kampf, und IdFlieg bestellte kurzerhand Nachbauten bei Siemens-Schuckert und Euler. Um die Luftüberlegenheit zurückzuerlangen, entwickelte Fokker die E.IV mit der unerhörten Bewaffnung von drei synchronisierten lMG 08/15, die durch den Propellerkreis feuern konnten. Wegen Synchronisationsproblemen wurden allerdings meist nur zwei Geschütze eingebaut.

Mit ihrem 160-PS-Oberursel-U.III-Motor war die E.IV leicht an der Schürze am Cockpit zu erkennen, die die Briten „Turtledeck" nannten. Der starke Motor brachte eine beeindruckende Beschleunigung, aber sein Gewicht, die hohen Kreiselkräfte und die veraltete Verwindungssteuerung der Flügel machten die E.IV deutlich schwerfälliger als ihre Vorgänger. Überdies war der U.III-Motor extrem unzuverlässig und verlor oft schon nach wenigen Betriebsstunden an Leistung.

So wurden nur 49 Exemplare der E.IV ausgeliefert - das letzte im Dezember 1916, als der Eindecker bereits völlig veraltet war.

Pfalz E-Typen

Die Pfalz-Eindecker waren Zeitgenossen der erfolgreichen Fokker-Eindecker, standen aber bei ihren Besatzungen nicht so hoch im Kurs. Dabei besaßen sie ähnliche Fähigkeiten und trugen viel zu den Anfangserfolgen der deutschen Jagdflugzeuge bei.

Zu Beginn des Kriegs baute die bayerische Firma Pfalz in Lizenz französische Morane-Saulnier-Flugzeuge. Etliche der unbewaffneten Eindecker kamen in den ersten beiden Kriegsjahren bei den deutschen Streitkräften zum Einsatz. Nach der Vorführung der von Anthony Fokker entwickelten MG-Synchronisierung beschloss man, die Bewaffnung an einem Pfalz-Eindecker zu erproben. Dies verlief so erfolgreich, dass noch im Laufe des Jahres 1915 die Produktion der bewaffneten Pfalz E.I. anlief, von der etwa 45 Exemplare gebaut wurden.

Es folgten 130 Exemplare der E.II, die mit dem 100 PS starken Oberursel U.I anstelle des 80 PS starken U.O der E.I ausgestattet wurden. Ansonsten waren die Flugzeuge identisch. Die E.III war eine bewaffnete Version der Morane „Parasol“, von der nur vier Exemplare an die Front kamen.

Die Umrüstung auf den deutlich leistungsfähigeren, aber unzuverlässigeren 14-Zylinder-Umlaufmotor Oberursel U.III mit 160 PS ergab die Pfalz E.IV. Die Leistungssteigerung war geringer als erwartet, und die Produktion wurde nach 46 Exemplaren eingestellt. Zwar kamen ab der E.V Mercedes-D.I-Sechszylinder-Reihenmotoren zum Einsatz, aber zu diesem Zeitpunkt war die Flugzeugzelle von Pfalz bereits veraltet, es wurden nur 20 Stück gebaut.

FOKKER-GEISSEL

Die Pfalz entfachte nie die Begeisterung, die man ihren Fokker-Zeitgenossen entgegenbrachte. Obwohl sie recht häufig zum Einsatz kam, entsprachen Flugleistung und Manövrierfähigkeit nicht denen ihrer Konkurrenten. Auch wenn sie robuster konstruiert war als die Fokker, war ihre hölzerne Zelle praktisch unverändert zu der

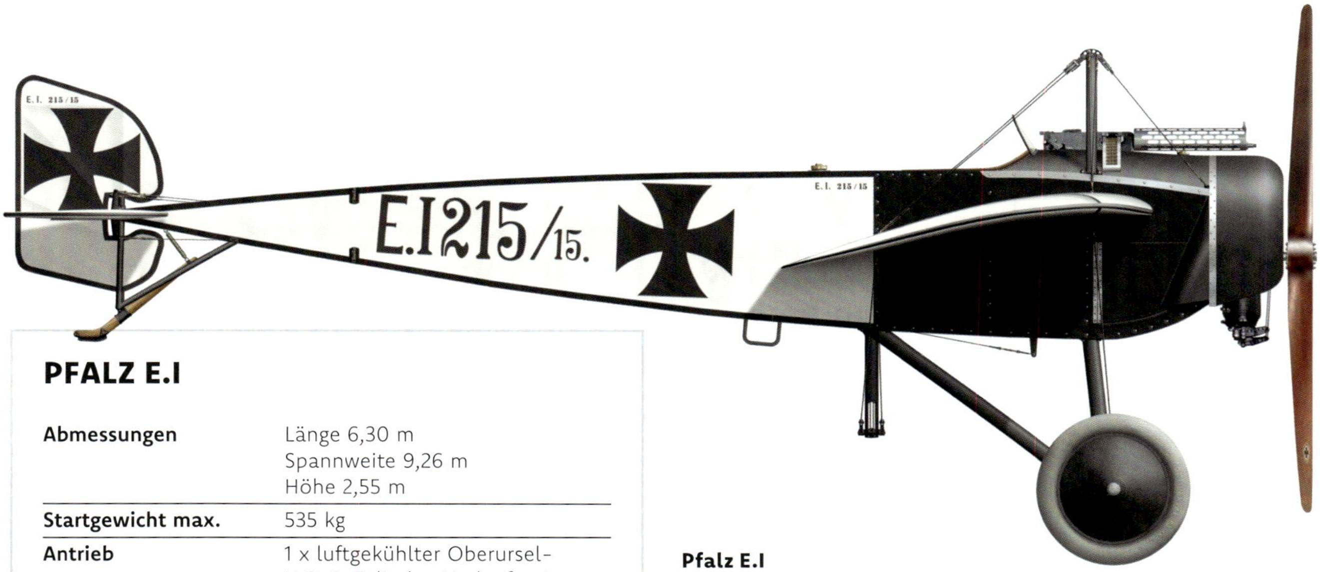

Pfalz E.I
Willy Rosenstein flog diese E.I. im Dezember 1915. Er gehörte zu den wenigen erfahrenen Vorkriegspiloten und hatte bis zum Januar 1914 schon 3.000 Flüge absolviert. Rosenstein war während des ganzen Weltkriegs Jagdflieger und erzielte neun bestätigte Luftsiege. 1936 musste er vor den Nazis fliehen. Sein Sohn flog im Zweiten Weltkrieg Spitfires bei der südafrikanischen Luftwaffe.

PFALZ E.I

Abmessungen	Länge 6,30 m Spannweite 9,26 m Höhe 2,55 m
Startgewicht max.	535 kg
Antrieb	1 x luftgekühlter Oberursel-U.0-9-Zylinder-Umlaufmotor mit 80 PS
Höchstgeschwindigkeit	145 km/h
Reichweite/Flugzeit	180 km / 2,0 Stunden
Dienstgipfelhöhe	3.300 m (10.826 ft)
Besatzung	1
Bewaffnung	1 x 7,92-mm-lMG-08/15

Diese makellose Pfalz E.1 mit aufgebocktem Leitwerk steht nicht auf ihren Rädern, sondern auf Stützen: Hier wird wahrscheinlich gerade das Maschinengewehr justiert. Dieser Vorgang musste regelmäßig durchgeführt werden, um die Genauigkeit der Visiereinrichtung zu gewährleisten. Die Pfalz war nie so beliebt wie die Fokker, erzielte aber im Kampf gute Ergebnisse.

Vorkriegsausführung der Morane und den Belastungen eines Luftkampfes mit immer schnelleren Geschwindigkeiten nicht mehr gewachsen.

Mit dem Auftauchen der überlegenen Doppeldecker endete der Einsatz der Pfalz-Eindecker im Westen, an der Ostfront waren sie noch länger zu sehen. Wegen ihrer verblüffenden Ähnlichkeit mit dem Fokker-Eindecker trugen Pfalz-Flugzeuge paradoxerweise mit dazu bei, den Begriff „Fokker-Geißel“ und den Mythos des Eindeckers weiter zu verbreiten.

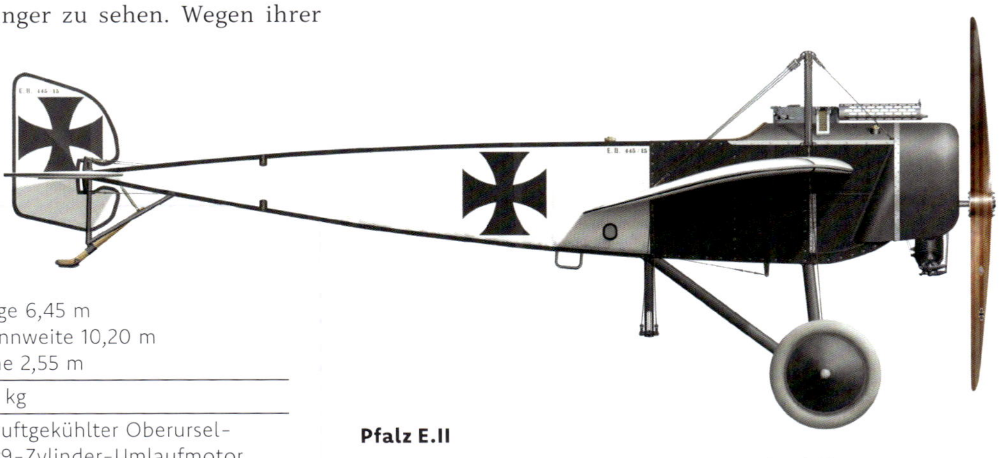

Pfalz E.II

Diese E.II unterscheidet sich von der E.I durch ihre etwas längere Gurtführung. Der schwarz umrandete Rumpf der Pfalz-E-Typen brachte ihnen den makabren Spitznamen „fliegende Todesanzeige“ ein, da Zeitungen derart umrandete Anzeigen druckten. Für Kurt Jentsch, der diese E.II flog, war der „Pfalz-Eindecker für den Luftkampf ungefähr so gut geeignet wie eine Kuh für das Lautenspiel“.

PFALZ E.II

Abmessungen	Länge 6,45 m Spannweite 10,20 m Höhe 2,55 m
Startgewicht max.	620 kg
Antrieb	1 x luftgekühlter Oberursel-U.I-9-Zylinder-Umlaufmotor mit 100 PS
Höchstgeschwindigkeit	150 km/h
Reichweite/Flugzeit	220 km / 2,0 Stunden
Dienstgipfelhöhe	3.600 m (11.810 ft)
Besatzung	1
Bewaffnung	1 x 7,92-mm-lMG-08/15

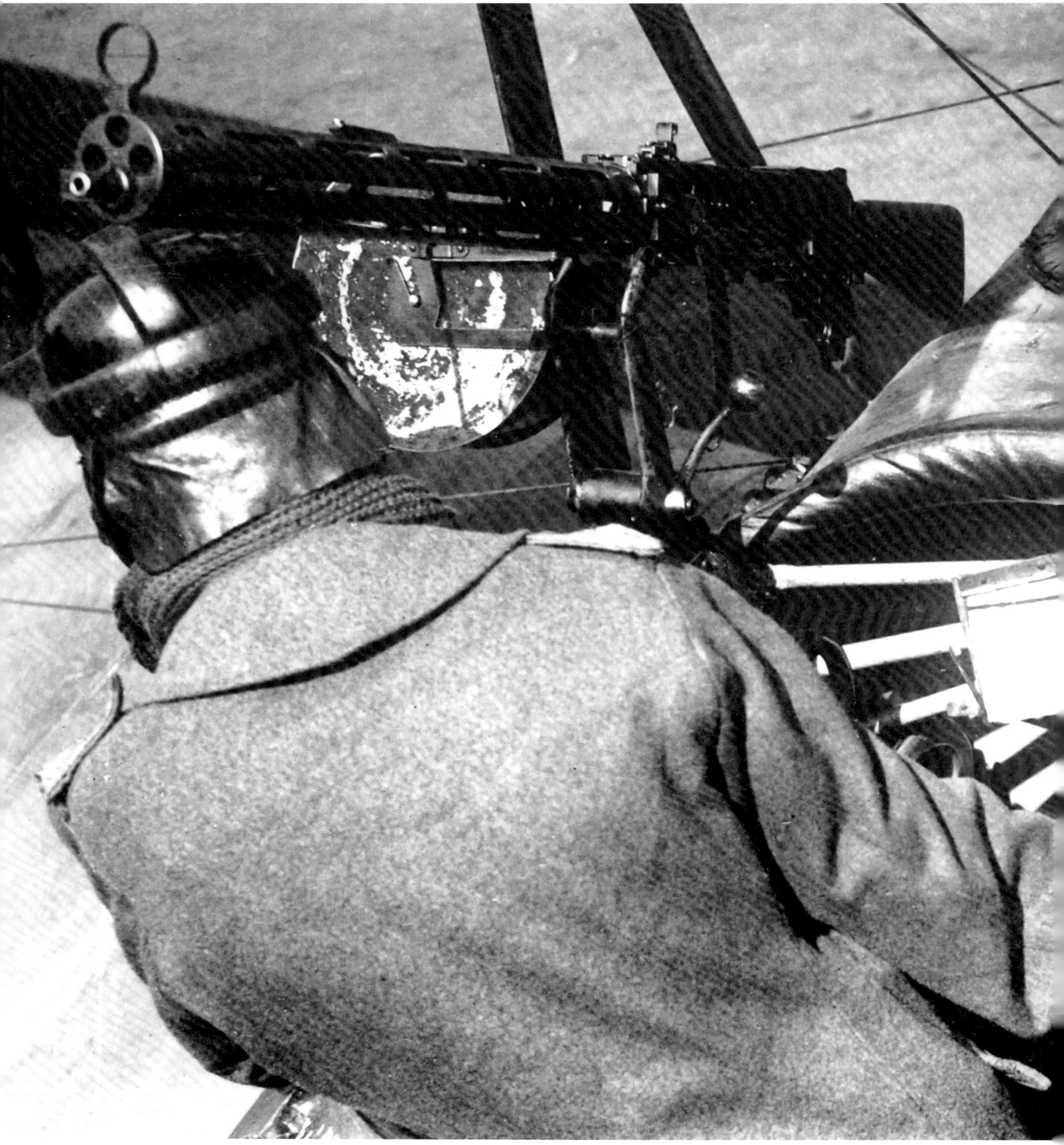

Warm eingepackt in einen Armeemantel, einen M1913-Fliegerhelm und einen privaten Wollschal bedient der Beobachter einer AEG C.IV die Morsetaste des Funkgeräts. Sein 7,92-mm-Parabellum-MG-14 ist auf einer Schiene montiert, die das Cockpit an den Seiten und am Heck umgibt. So lässt sich die Waffe bei Bedarf in Schussposition schieben.

DOPPELSITZER FÜR AUFKLÄRUNGS- UND ALLZWECK-EINSÄTZE

Aufklärung war im Weltkrieg die bei weitem wichtigste Aufgabe der deutschen Luftstreitkräfte, und Flugzeuge dienten anfangs ausschließlich als Beobachtungsmittel für die Bodentruppen. Im Verlauf des Krieges machte die Luftaufklärung immer mehr Fortschritte. Flugzeuge wurden mit Funkgeräten zur Zielanweisung an die Artillerie ausgerüstet, und Langstrecken-Fotoaufklärungsflugzeuge flogen bis weit hinter die alliierten Linien.

DIESES KAPITEL BEHANDELT FOLGENDE FLUGZEUGE:

- Albatros B-Typen
- Aviatik B-Typen
- Taube
- Fokker A-Typen
- AEG C-Typen
- Albatros CI. bis C.III
- Albatros (spätere C-Typen)
- Aviatik C-Typen
- DFW C-Typen
- Halberstadt C.V.
- LFG Roland C.II & C.IV
- LVG C.II
- LVG C.V & C.VI
- Rumpler C.I
- Rumpler C.III & C.IV

Albatros B-Typen

Albatros B-Typen waren zu Beginn des Kriegs sehr erfolgreich und dienten später erstaunlich lange als Schulflugzeug.

Albatros entwickelte 1913 zwei herkömmliche zweisitzige Doppeldecker zugleich, den DD (Doppeldecker) und den etwas längeren DDK mit drei Tragflächen. Letzterer kam bereits vor dem Krieg als B.I heraus und diente in den ersten Kriegswochen als Aufklärer, später als Schulflugzeug. Nach wenigen Exemplaren konzentrierte sich die Produktion auf den DD. Er hatte zwei Tragflächen mit geringerer Spannweite und wurde von IdFlieg als B.II bezeichnet. Kurz vor Ausbruch des Kriegs stellte eine B.II einen Höhenrekord von 4.500 Metern auf. Die B.II wurde bemerkenswerterweise von sieben verschiedenen Firmen während des gesamten Kriegs und auch noch danach in großen Stückzahlen hergestellt, genauere Zahlen sind nicht bekannt. Wegen Materialknappheit wurden später alle Stahlrohr-Komponenten der Flugzelle durch Holz ersetzt, was die einzige größere Änderung darstellte.

EINSATZ ALS SCHULFLUGZEUG

Zunächst als Aufklärungs- und Mehrzweckmaschine eingesetzt, erlangte sie eine gewisse Bekanntheit, als eine B.II der Feldfliegerabteilung 41 als erstes deutsches Flugzeug am 16. April 1915 Großbritannien angriff. Von Hand wurden zehn Bomben über Sittingbourne in Kent abgeworfen. Etwa ab Mitte 1915 wurden die B.II nach und nach durch bewaffnete Flugzeuge des Typs C ersetzt. Die unbewaffneten und langsamen B-Typen dienten danach der Ausbildung. Abgesehen vom Einsatz bei deutschen und österreich-ungarischen Luftstreitkräften flog das Flugzeug für acht weitere Nationen, überraschenderweise auch für Großbritannien. Anfang 1914 wurde das einzige britische Exemplar zu Testzwecken erworben und diente bis Anfang 1918 beim RNAS. Schweden ließ die B.II von mehreren Unternehmen in Lizenz bauen und zog sie 1935 endgültig aus dem Verkehr.

ALBATROS B.II

Abmessungen	Länge 7,63 m Spannweite 12,80 m Höhe 3,15 m
Startgewicht max.	1.071 kg
Antrieb	1 x flüssigkeitsgekühlter Mercedes-D.I-6-Zylinder-Reihenmotor mit 100 PS oder 1 x flüssigkeitsgekühlter Mercedes-D.II-6-Zylinder-Reihenmotor mit 120 PS oder 1 x flüssigkeitsgekühlter Benz-Bz.II-6-Zylinder-Reihenmotor mit 122 PS
Höchstgeschwindigkeit	120 km/h
Reichweite/Flugzeit	400 km / 4,0 Stunden
Dienstgipfelhöhe	3.000 m (9.840 ft)
Besatzung	2
Bewaffnung	–

Albatros B.II
Diese frühe B.II bekam ein Ersatzruder für das kleinere Originalteil, wodurch die Hälfte des Eisernen Kreuzes fehlte. Sie hatte anfangs einen Kühler über dem Motor und wurde später mit Hazet-Kühlern am Rumpf umgerüstet. Dieses Flugzeug hat einen Mercedes-D.II-Motor.

Aviatik B.II
Die Aviatik war zu Beginn des Kriegs ein fester Bestandteil der deutschen Luftfahrt. Dank ihrer Zuverlässigkeit und Sicherheit diente sie noch Jahre nach ihrer Frontkarriere als Schulflugzeug. Diese B.II flog 1916 bei der Beobachterschule in Köln-Butzweilerhof.

AVIATIK B.II (P.15b)

Abmessungen	Länge 7,10 m Spannweite 12,49 m Höhe 3,20 m
Startgewicht max.	980 kg
Antrieb	1 x flüssigkeitsgekühlter Mercedes-D.II-6-Zylinder-Reihenmotor mit 120 PS
Höchstgeschwindigkeit	110 km/h
Reichweite/Flugzeit	400 km / 4,0 Stunden
Dienstgipfelhöhe	6.100 m (20.000 ft)
Besatzung	2
Bewaffnung	keine

Aviatik B-Typen

Die Aviatik B-Typen basierten auf einer Vorkriegskonstruktion und leisteten hervorragende Dienste, bis unbewaffnete Flugzeuge über der Front nicht mehr zu verantworten waren.

Die Automobil und Aviatik AG wurde 1909 gegründet. Nach dem Lizenzbau einiger französischer Flugzeuge brachte sie 1912 ihr erstes eigenes Modell P.13 heraus. Das von Robert Wild entworfene Muster machte im April oder Mai seinen Erstflug und wurde in mehreren Varianten mit dreieinhalb oder vier Tragflächen gebaut. Eine weiterentwickelte Version mit Detailverbesserungen am Rumpf und zweieinhalb kürzeren Tragflächen ging 1913 als P.14 in die Produktion. Ihre Weiterentwicklung P.15 mit einem Seitenleitwerk und zwei- oder dreiflügeligen Tragflächen kam ebenfalls im Jahre 1913 heraus.

Im Jahr 1913 orderten die Luftstreitkräfte mit einem für damalige Verhältnisse enormen Auftrag 101 Stück P.13 und P.14. Den Flugzeugen mit der schlichten Bezeichnung Aviatik B folgten die P.15 mit der Bezeichnung B.I und die P.15b (ab September 1915 B.II), die eine leicht modifizierte Version mit einem Mercedes-D.II-Motor war. Weitere Großaufträge folgten, und die Flugzeuge leisteten gute Aufklärungsarbeit.

Eine Aviatik B wurde am 5. Oktober 1914 von einer französischen Voisin III abgeschossen und hatte damit die zweifelhafte Ehre, als erstes Flugzeug im Luftkampf vernichtet zu werden.

PRODUKTION IM AUSLAND

Die Aviatik B wurde ungewöhnlicherweise auch auf der alliierten Seite in großer Zahl produziert und eingesetzt. Die italienische Firma SAML hatte eine Produktionslizenz erhalten und baute unter der Bezeichnung S.I 410 Exemplare der Grundversion. Später wechselte sie zu der mit einem Maschinengewehr ausgestatteten S.2, von der ab 1917 mehrere hundert Exemplare bei italienischen Einheiten im Einsatz waren.

Einige Exemplare von SAML gelangten sogar nach Paraguay, wo mindestens eins während des Chaco-Kriegs (1932–1935) als Schulflugzeug diente. So hatte dieses Flugzeug, dessen Grundkonstruktion aus dem Jahr 1912 stammte, ein erstaunlich langes Leben.

Jeannin Taube A.271

Die Firma Jeannin baute die A.271 als weit verbreitete Lizenzversion. Sie war Anfang 1915 zur Typenprüfung bei IdFlieg in Adlershof, wurde aber vermutlich für allgemeine Meldedienste zurückgehalten. Diese Abbildung zeigt sie mit den im Oktober 1916 eingeführten Abzeichen.

JEANNIN STAHLTAUBE

Abmessungen	Länge 9,69 m Spannweite 13,87 m Höhe 2,97 m
Startgewicht max.	1.035 kg
Antrieb	1 x flüssigkeitsgekühlter Mercedes-D.I-6-Zylinder-Reihenmotor mit 100 PS
Höchstgeschwindigkeit	110 km/h
Reichweite/Flugzeit	300 km / 4,0 Stunden
Dienstgipfelhöhe	2.500 m (8.200 ft)
Besatzung	2
Bewaffnung	keine

Taube

Die Taube war Deutschlands bekanntestes Vorkriegsflugzeug und ging als erstes Flugzeug in die Geschichte ein, das im Kampf eine Bombe abwarf. Ihr Einsatz im Ersten Weltkrieg war kurz, aber ereignisreich.

Die Taube wurde 1909 vom österreichisch-ungarischen Konstrukteur Igo Etrich entworfen. Ihre charakteristische Flügelform basierte auf dem Samen der auf Java wachsenden Palmenart Zanonia macrocarpa. Er verhält sich in der Neigung und Drehung stabil, eine Eigenschaft, die zu jener Zeit für Flugzeuge sehr erwünscht war. Die Taube machte 1910 mit Etrich am Steuer ihren Erstflug. Er übergab die Erprobung allerdings an den Piloten Karl Illner, nachdem er sich bei einem frühen Testflug fast das Rückgrat gebrochen hätte. Trotz dieses Missgeschicks war das Flugzeug eine erfolgreiche Konstruktion. Etrich passte die Entwürfe an die besonderen Erfordernisse für das Militär an, zu denen so „nützliche“ Eigenschaften wie die Fähigkeit zur Landung auf einem frisch gepflügten Feld gehörten. Edmund Rumpler erhielt im Juli 1910 eine Fünfjahreslizenz zur Herstellung von Tauben. Nach Vorführungen im Oktober bestellte die preußische Armee fünf Rumpler Tauben, viele weitere sollten ihnen in den Militärdienst folgen. Das deutsche Patentamt erklärte im September 1911 zu Etrichs Entsetzen das Taube-Patent für ungültig. Damit waren die Konstruktionspläne nicht mehr geschützt, und in der Folge bauten nicht weniger als 14 Hersteller die Taube nach. Ihre Versionen unterschieden sich erheblich. Die Gesamtzahl aller Flugzeuge ist nicht genau bekannt, wird aber auf etwa 500 geschätzt.

Die Grundkonstruktion der Taube war selbst für die damaligen Verhältnisse ungewöhnlich. Als ein solide

verspannter Eindecker bekam sie für zusätzliche Festigkeit noch eine verstrebte Struktur in Form eines stark verspannten Stahlrohrs unter der Tragfläche. Die Rollsteuerung erfolgte durch Verwindung der Flügel, insbesondere der nach hinten ragenden Flügelspitzen. Ein Höhenruder war nicht vorhanden, dafür ließ sich das hintere Höhenleitwerk zur vertikalen Steuerung nach oben oder unten verwinden. Das Seitenruder saß mit gleichen Hälften oberhalb und unterhalb des Höhenleitwerks und war die einzige konventionell mit Scharnieren befestigte Steuerfläche. Angetrieben wurden die Tauben mit verschiedenen, zumeist Reihenmotoren wie anfangs der Vierzylinder-Mercedes E4F. Einige Hersteller nutzten auch Umlaufmotoren. Die Taube erntete wegen ihrer relativ einfachen Steuerung und hohen Zuverlässigkeit von Anfang an viel Lob. Im Jahr 1911 gewann Helmut Hirth den Kathreiner-Preis für einen Flug von etwa 540 Kilometer von München nach Berlin, den er, Tankstopps nicht eingerechnet, in rund sechs Stunden zurücklegte – seinerzeit eine beachtliche Zeitersparnis gegenüber der Eisenbahn. Im Dezember 1911 stellten Gino Linnekogel und Suvelick Johannisthal einen Doppelsitzer-Ausdauerrekord über vier Stunden und 35 Minuten auf.

EINSATZ ALS KAMPFFLUGZEUG

Zu diesem Zeitpunkt war die Taube bereits im Kampf. Sie avancierte zum ersten Flugzeug, das eine feindliche Streitmacht angriff, als der Italiener Giulio Gavotti 1911 während der Schlacht von Ain Zara vier Granaten auf die osmanischen Truppen abwarf. Tauben kamen später im Ersten Balkankrieg (1912–1913) beim Bombenabwurf zum Einsatz. Das deutsche Heer beschlagnahmte im August 1914 alle zivilen Tauben und setzte viele davon in den ersten Kriegsmonaten ein.

Es war auch eine Taube, die als erstes Flugzeug am 30. August 1914 eine Bombe auf Paris mit der Nachricht abwarf: „Das deutsche Heer steht vor den Toren von Paris. Es bleibt Euch nichts anderes übrig, als Euch zu ergeben." Im Oktober bombardierte eine Taube japanische Schiffe, die den chinesischen Hafen von Tsingtau blockierten, richtete aber keinen Schaden an.

Abgesehen von solchen Angriffen diente die meisten Flüge zur Aufklärung und Beobachtung. So gelang es Tauben, in der Schlacht von Tannenberg die vorrückenden russischen Truppen aufzuspüren, was den deutschen Sieg einbrachte.

Bei aller Zuverlässigkeit war die Taube wegen ihrer mäßigen Flugleistungen und mangelnden Robustheit verwundbar, sodass man sie nach etwa sechs Monaten von der Front abzog. Sie blieb bis 1916 als zuverlässiges, gutmütiges Schulflugzeug im Einsatz. Viele berühmte deutsche Piloten absolvierten ihre ersten Flüge mit ihr.

Jeannin Taube A.180

Jeannin verwendete eine Grundkonstruktion aus Stahlrohr, daher der Name „Stahltaube". Dies mag zur Langlebigkeit der A.180, der einzigen erhaltenen Taube der Welt, beigetragen haben. Sie wurde bereits während des Ersten Weltkriegs zum Museumsstück bestimmt und entging im Zweiten Weltkrieg nur knapp der Zerstörung durch alliierte Bombenangriffe. Heute ist sie im Deutschen Technikmuseum in Berlin ausgestellt.

Fokker A-Typen

Fokker produzierte in den ersten beiden Kriegsjahren viele unbewaffnete Eindecker vom Typ A für Beobachtungs- und Aufklärungszwecke. Einer davon wurde zum bewaffneten Eindecker M.5K weiterentwickelt.

Auch wenn die frühen Eindecker von Fokker heute eher als Wegbereiter des sensationell erfolgreichen Eindecker-Jagdflugzeugs gelten, waren sie durchaus wertvolle Kampfflugzeuge. Fokker hatte sich vor Ausbruch des Kriegs mit der Produktion der M.5 beschäftigt, einem inoffiziellen Nachbau der Morane-Saulnier H. Zu den vielen Verbesserungen zählte vor allem ein Stahlrohrrumpf, der das Flugzeug robuster machte als sein Original.

Die erste in größerer Zahl gebaute Militärmaschine war die zweisitzige M.8, in der Fliegertruppe bekannt als A.I. Sie war eine etwas ungewöhnliche Konstruktion. Der Prototyp war fast ein Schirmeindecker, bei dem die Flügelvorderkante an Streben über dem Rumpf befestigt war, der hintere Flügelholm hingegen an den oberen Rumpfholmen. Bei den Serienflugzeugen schloss sich die vordere Rumpfbeplankung an den vorderen Flügelholm an. Das beeinträchtige aber die Sicht nach vorne, weshalb man die Rumpfseiten für eine bessere Sicht nach unten auf Höhe des Cockpit eingeschnitten hatte. Etwa 63 Exemplare wurden gebaut, viele davon als Unterauftrag bei Halberstadt.

Fokker baute auch das einsitzige Aufklärungsflugzeug M.5. Es machte im Frühjahr 1914 seinen Erstflug und kam in zwei Versionen heraus, als M.5K (K für kurze Spannweite), aus der im Militärdienst die Fokker A.III wurde, und als M.5L (lange Spannweite), später als A.II bezeichnet. Schon vor dem Krieg wurden mehrere M.5 privat von preußischen Offizieren erworben, und zwei waren an die österreichisch-ungarische Armee geliefert worden. 1914 begann die Produktion beider Varianten der M.5. Das Flugzeug war sehr beliebt bei den Piloten, da es für damalige Verhältnisse sehr leistungsstark war – ein Vorteil, der mit dem Fortschritt schnell wieder schwand. Anfang 1915 wurden fünf M.5K mit einem Propeller-synchronisierten Parabellum MG-14 bestellt. Sie dienten als Vorserie für das Jagdflugzeug E.I „Eindecker".

Fokker A.I
Die Farbgebung der frühen Flugzeuge aller Kriegsparteien war nicht sehr abwechslungsreich. Stoffbespannung mit Spannlack und blankes Metall waren die Norm, Überlegungen zur Tarnung oder auffällige persönliche Markenzeichen kamen erst später auf. Erste Ansätze einer persönlichen Gestaltung sind jedoch bei dieser A.I zu sehen, die auf den Namen „Sumpfhuhn" getauft wurde.

FOKKER A.I

Abmessungen	Länge 7,54 m Spannweite 12,12 m Höhe 2,75 m
Startgewicht max.	unbekannt
Antrieb	1 x luftgekühlter Oberursel-U.0-9-Zylinder-Umlaufmotor mit 80 PS
Höchstgeschwindigkeit	135 km/h
Reichweite/Flugzeit	400 km / 4,5 Stunden
Dienstgipfelhöhe	3.000 m (9.800 ft)
Besatzung	2
Bewaffnung	keine

AEG C.IV
Die AEG war nicht besonders elegant, aber sehr robust. Die Zelle bestand größtenteils aus geschweißten, stoffbespannten Stahlrohren. Da die Firma Fokker ebenfalls auf Schweißkonstruktionen spezialisiert war und Kapazitäten frei hatte, beauftragte IdFlieg sie mit dem Bau von 200 AEG C.IV – sehr zum Verdruss von Anthony Fokker.

AEG C.IV

Abmessungen	Länge 7,18 m Spannweite 13,45 m Höhe 3,35 m
Startgewicht max.	1.120 kg
Antrieb	1 x flüssigkeitsgekühlter Mercedes-D.III-6-Zylinder-Reihenmotor mit 160 PS
Höchstgeschwindigkeit	158 km/h
Reichweite/Flugzeit	– / 4,0 Stunden
Dienstgipfelhöhe	5.000 m (16.400 ft)
Besatzung	2
Bewaffnung	1 x 7,92-mm-lMG-08/15 und 1 x 7,92-mm-Parabellum-MG-14

AEG C-Typen

Der Elektrogigant AEG baute einige mittelmäßige Zweisitzer, bis er 1916 die erfolgreiche C.IV entwickelte. Sie wurde in großen Stückzahlen gefertigt und blieb bis zum Ende des Kriegs im Einsatz.

AEG hatte für das deutsche Militär den unbewaffneten Typ B in der Aufklärer-Grundversion hergestellt. Mit nur 110 km/h Höchstgeschwindigkeit war seine Leistung aber selbst anno 1914 so schwach, dass die wenigen gebauten Maschinen bald ausgemustert wurden. AEG nutzte das Flugzeug als Basis für die Entwicklung des bewaffneten Typs C mit dem leistungsstärkeren 150-PS-Benz-BZ.III anstelle des Mercedes D.II der B.II. Damit erhöhte sich die Höchstgeschwindigkeit auf 130 km/h, was eine Serienproduktion rechtfertigte. Von der C.I entstanden nur wenige Exemplare. AEG stellte im Oktober 1915 auf die kleinere C.II um, die bei leicht erhöhter Leistung auch etwas Bombenlast tragen konnte. Die C.III hatte einen Rumpf, der die Lücke zwischen den beiden Flügeln voll ausfüllte. Der Richtschütze saß nun direkt über dem oberen Flügel und hatte ein uneingeschränktes Schussfeld. Diese Version blieb aber ein Prototyp.

Im März 1916 absolvierte die AEG C.IV mit dem 160 PS starken Mercedes-D.III-Motor ihren Erstflug. Diese Weiterentwicklung der C.II wurde mit großer Sorgfalt so konstruiert, dass sie auch von ungelernten Kräften schnell zusammengebaut werden konnte. Erfahrungen mit der C.II hatten gezeigt, dass die Zelle nicht fest genug war. Die C.IV erhielt daher einen wesentlich robusteren, überwiegend aus Metall gefertigten Rumpf. Die Version wurde ab 1916 in Dienst gestellt. Piloten schätzten ihre Schnelligkeit und Zuverlässigkeit. Sie war nicht so leicht zu fliegen wie die Albatros C.III oder die DFW C.V und erreichte auch nie deren Popularität, aber sie war sehr leistungsfähig. Zum Ende der Feindseligkeiten waren noch 70 der 687 gebauten Exemplare im Einsatz. Weitere 609 kamen als gepanzerte Weiterentwicklung, bekannt als J.I, für Bodenangriffe mit zwei nach unten feuernden Maschinengewehren heraus.

91 Exemplare der C.IV wurden während des Großpolnischen Aufstands (1918–1919) erbeutet und bildeten den Grundstock der im Entstehen begriffenen polnischen Luftwaffe und dienten im Polnisch-Sowjetischen Krieg.

Albatros CI. bis C.III

Das erste bewaffnete Flugzeug der Albatros-Werke, die C.I, erwies sich als sehr tüchtig. Ihre Weiterentwicklung C.III gedieh zum meistproduzierten Albatros-Doppelsitzer.

Die C.I war im Grunde eine vergrößerte Version der Albatros B.II, konzipiert für einen der stärkeren, später verfügbaren Motoren. Der Prototyp machte Anfang 1915 mit einem Benz Bz.III seinen Erstflug. Serienflugzeuge erhielten je nach Verfügbarkeit auch Mercedes-D.III- und Argus-As.III-Motoren. Die höhere Motorleistung erlaubte den Einbau eines Maschinengewehrs für den Beobachter, der von Anfang an im hinteren Cockpit untergebracht war, wodurch die unhandliche Bewaffnung der zeitgenössischen Aviatik-Flugzeuge vermieden wurde.

Die ersten C.I für Aufklärung, Bombardierung und Artilleriebeobachtung kamen im April 1915 an die Front. Sie erlangten schnell Beliebtheit, da sie vergleichsweise schnell, robust und leicht zu fliegen waren. Vor allem die Abwehrbewaffnung wurde geschätzt, da die, wenn auch 1915 noch recht seltenen, Abfangmanöver durch alliierte Aufklärer immer mehr zunahmen. Obwohl die C.I nicht für offensive Luftkämpfe taugte, erzielten die späteren Fliegerasse Oswald Boelcke und Manfred von Richthofen ihre ersten Luftsiege auf diesem Typ, Boelcke mit Hilfe seines Bordschützen Heinz-Hellmuth von Wühlisch. Von Richthofen war zu diesem Zeitpunkt noch kein Pilot und errang seinen ersten Luftsieg als Beobachter in einer C.I über der Ostfront.

Albatros C.III

Die C.III waren das ganze Jahr 1916 über an der Westfront im Einsatz. Dieses Exemplar der 20. Staffel des Kampfgeschwaders 4 war auf dem Flugplatz Carignan in den Ardennen stationiert. Einsatzflugzeuge hatten in der Regel einen farbigen Rumpf und farblos lackierte Flügel und Leitwerke.

ALBATROS C.III

Abmessungen	Länge 8,00 m Spannweite 11,96 m Höhe 3,10 m
Startgewicht max.	1.353 kg
Antrieb	1 x flüssigkeitsgekühlter Benz-Bz.III-6-Zylinder-Reihenmotor mit 150 PS oder 1 x flüssigkeitsgekühlter Mercedes-D.III-6-Zylinder-Reihenmotor mit 160 PS
Höchstgeschwindigkeit	140 km/h
Reichweite/Flugzeit	540 km / 2,5 Stunden
Dienstgipfelhöhe	3.350 m (11.000 ft)
Besatzung	2
Bewaffnung	1 x 7,92-mm-lMG-08/15, 1 x 7,92-mm-Parabellum-MG-14 und 60 kg Bombenlast

Albatros C.III

Die C.155/16 war eine der ersten C.III-Serienmaschinen. Sie war ganz weiß lackiert und hatte keine nach vorn feuernde Kanone für den Piloten. Wie viele andere deutsche Flugzeuge gab es auch bei der C.III verschiedene Auspufftypen. Alle hatten den Zweck, die Abgase nach oben und von der Besatzung weg zu leiten.

ZWEI MASCHINENGEWEHRE

Dank ihrer guten Flugeigenschaften blieb die C.I bis Anfang 1917 an der Front. Anschließend begann sie als Schulflugzeug eine erfolgreiche zweite Karriere. Der Doppelsteuer-Trainer C.Ib wurde bei Mercur Flugzeugbau weiter produziert, nachdem man das Flugzeug aus dem Fronteinsatz genommen hatte. Inzwischen wurde die Fertigung auf die verbesserte C.III-Version verlagert, die im Dezember 1915 an der Westfront zum Einsatz kam (die Bezeichnung C.II erhielt ein Flugzeug mit Schub-Motor, von dem nur ein Exemplar gebaut wurde). Die C. III war leicht an ihren elegant abgerundeten Leitwerken zu erkennen, die eine bessere Reaktionsfähigkeit boten. Sie war mit einem synchronisierten, nach vorn feuernden Maschinengewehr für den Piloten ausgestattet, und man nimmt an, dass sie der erste deutsche Doppelsitzer war, der eine Maschinengewehrbewaffnung für beide Besatzungsmitglieder hatte.

Die C.III zeigte mit den gleichen Benz- und Mercedes-Motoren wie die C.I. eine sehr ähnliche Flugleistung, eine ausgezeichnete Handhabung und die strukturelle Festigkeit der Vorgängerin. Sie kam auch in gleicher Funktion zum Einsatz und erwarb sich den Respekt der alliierten Jagdflieger, da sie keineswegs leicht abzuschießen war. Dies lag zumindest teilweise an dem mit Sperrholz verkleideten Rumpf, der erheblich mehr einstecken konnte als die meisten Zeitgenossen und weiter flugfähig blieb.

Da es nicht möglich war, Bomben präzise abzuwerfen, waren die Angriffe für den Gegner allenfalls ein lästiges

Albatros C.III

Diese C.III einer unbekannten Einheit diente 1916 an der Westfront. Ungewöhnlich sind der Rückspiegel des Piloten und das außen angebrachte Gewehr des Beobachters. Es diente vermutlich als Reserve für das Maschinengewehr oder für den Fall, dass das Flugzeug hinter den feindlichen Linien notlanden musste.

Albatros C.III
Aufwendige persönliche Embleme waren nicht nur den Piloten der Jagdgeschwader vorbehalten. Als Beweis dient diese mit einem Drachen geschmückte C.III, die Ende 1916 beim Kampfgeschwader 1 in Russland im Einsatz war. Der Pilot war Erwin Böhme, der Beobachter Unteroffizier Lademacher.

Ärgernis. Bombardements waren deswegen für die C.III keine ernsthafte Alternative zur Aufklärung. Sie konnte eine Vielzahl von Kameras oder Funkgeräten zur Artilleriefeuerleitung mitführen. Wegen ihres hohen Nutzwerts wurde sie in sehr großen Stückzahlen produziert. 2.271 Flugzeuge wurden nachweislich bei Albatros und der Tochtergesellschaft OAW sowie fünf Subunternehmern bestellt. Modernere Flugzeuge lösten die C.III später bei den Kampfeinheiten ab. Mitte 1917 war sie weitgehend von der Front verschwunden, doch die Produktion ging für Ausbildungszwecke weiter, wie zuvor bei der C.I.

Die C.I und C.III flogen nach dem Krieg bei diversen Luftstreitkräften. Bulgarien und Litauen bauten von 1926 bis 1928 eigene Exemplare zu Schulungszwecken.

Flugzeugmuster, die im umkämpften Luftraum über der Westfront nicht mehr mithalten konnten, zeigten ihren Nutzen auf anderen Schauplätzen. Etwa ein Jahr, nachdem die Albatros C.III aus dem Kampfeinsatz über Europa abgezogen worden war, leistete dieses Exemplar der Fl.Abt 304 im Sommer 1918 noch immer gute Dienste in Palästina.

Spätere Albatros C-Typen

Albatros knüpfte mit einigen noch stromlinienförmigeren und leistungsfähigeren Doppelsitzern an die C.III an. Sie waren unterschiedlich erfolgreich.

Mercedes entwickelte Anfang 1916 den Achtzylinder D.IV mit 217 PS als Ableger des sechszylindrigen D.III. Der neue Motor war wesentlich länger und schwerer und hatte eine andere Schubrichtung als sein Vorgänger. Da es, anders als bei der Weiterentwicklung der C.I zur C.III, mit kleineren Umbauten am Flugzeug nicht getan war, konstruierte Albatros eine ganz neue Maschine.

ALBATROS C.V

So kam im Jahre 1916 die C.V heraus, mit deutlich stromlinienförmigerem Rumpf und besseren Flugleistungen als die C.III. Im Einsatz war das Flugzeug jedoch schwer und unhandlich, sodass bald eine verbesserte Version mit aerodynamischem Ruderausgleich für die Quer- und Höhenruder zur Ergänzung des bereits vorhandenen Ausgleichs der Seitenruder herauskam. Zudem erhielt das Flugzeug einen strömungsgünstigeren Motorkühler an den Flügeln anstelle der „Ohren"-Kühler an den Rumpfseiten.

Damit besserten sich die Flugleistungen leicht, die Handhabung sogar beträchtlich. Die aktualisierte C.V bekam die Bezeichnung C.V/17, das Grundmodell hieß nun C.V/16. Ein Schwachpunkt war der unzuverlässige, zu folgenschweren Kurbelwellenbrüchen neigende Mercedes-D.IV-Motor. So wurden lediglich 424 C.V beider Varianten produziert, bevor man die Fertigung auf die

Albatros C.XII
Dieses Exemplar der eleganten, aber enttäuschenden Albatros C.XII flogen Hugo Geiger und Theodor Rein von der Fliegerabteilung 46b im Juni 1917 auf dem Flugplatz Marimbois Ferme. Das Blitzmotiv, das den wunderschön stromlinienförmigen Rumpf der C.XII umgibt, war Geigers persönliches Kennzeichen.

ALBATROS C.XII

Abmessungen	Länge 8,84 m Spannweite 14,37 m Höhe 3,25 m
Startgewicht max.	1.639 kg
Antrieb	1 x flüssigkeitsgekühlter Mercedes-D.IVa-6-Zylinder-Reihenmotor mit 260 PS
Höchstgeschwindigkeit	157 km/h
Reichweite/Flugzeit	600 km / 3,5 Stunden
Dienstgipfelhöhe	5.500 m (18.000 ft)
Besatzung	2
Bewaffnung	1 x 7,92-mm-lMG-08/15 und 1 x 7,92-mm-Parabellum-MG-14

Dieses offizielle Foto einer fabrikneuen Albatros C.XII bringt ihre schlanke Form und die feine Verarbeitung ihres hölzernen Halbschalenrumpfs gut zur Wirkung. Sie war solide gebaut und windschnittig, erwies sich aber leider als zu schwach für einen dauerhaften Einsatz.

C.VII umstellte. Sie besaß Konstruktionsmerkmale der C.V/16 und C.V/17 und war eine gute Kombination aus großen Teilen der hervorragenden C.V-Zelle mit dem absolut zuverlässigen, wenn auch weniger leistungsstarken Benz Bz.IV. Auch wenn die C.VII eine Art Notlösung war, mauserte sie sich zu einem beliebten und erfolgreichen Flugzeug. Berichten zufolge ähnelten ihre Flugeigenschaften und Flugleistungen der leistungsstärkeren C.V. Die C.VII war nicht so wendig wie die C.III, konnte aber höher fliegen und die alliierten Jäger bei Langstrecken-Aufklärungsflügen überholen. In niedrigeren Höhen konnte sie sich durchaus im Luftkampf mit Einsitzern behaupten, bis im Sommer 1917 neue alliierte Jagdflugzeuge aufkamen. Etwa 500 C.VII wurden gebaut, und sie war der letzte wirklich zufriedenstellende Zweisitzer von Albatros.

SCHWACHE FLUGLEISTUNGEN

Ab Mitte 1916 war der Sechszylinder-Mercedes-D.IVa mit 217 PS verfügbar, und Albatros und Rumpler bauten Flugzeuge für diesen neuen Motor. Die Albatros C.X entsprach einer aerodynamisch verbesserten, vergrößerten C.VII und besaß einige ihrer Komponenten, darunter das gesamte Leitwerk. Bei der Erprobung stellte sich heraus, dass die Rumpler C.IV der Albatros weit überlegen war. 400 Exemplare der C.X wurden trotzdem als Reserve für die Rumpler-Flugzeuge bestellt.

Die C.X sollte eigentlich zur Schulung dienen. IdFlieg änderte seine Pläne, und die Flugzeuge wurden ab März 1917 an die Front geschickt. Sie erwiesen sich im Einsatz als schwierig zu handhaben und besaßen keinen echten Leistungsvorteil gegenüber den DFW C.V, die sie eigentlich ersetzen sollten. So wurden die C.X nach kurzem Einsatz wieder in die Ausbildung zurückversetzt.

Der letzte Albatros-Zweisitzer des Kriegs, die C.XII, war ein weiterentwickelter Ableger der C.X mit leichterer Zelle. Ihre Flugleistungen waren zwar etwas besser, aber immer noch enttäuschend. Der zierliche Rumpf drohte bei harten Landungen in zwei Teile zu zerbrechen. Ungeachtet dessen wurden 433 C.XII ausgeliefert, allerdings schon nach kurzem Einsatz an der Westfront wieder für die Ausbildung abgezogen. An der weniger umkämpften Ostfront diente die C.XII hingegen bis weit ins Jahr 1918 hinein.

Aviatik C-Typen

Die bewaffneten Zweisitzer von Aviatik waren typische Vertreter ihrer Art. Sie flogen zuverlässig und unauffällig, bis sie im Laufe des Jahres 1917 durch leistungsfähigere Maschinen ersetzt wurden.

Die Aviatik-Fabrik war ursprünglich in Mülhausen (das heutige Mulhouse, Frankreich) angesiedelt. Sie lag 1914 gefährlich nah an der Front, sodass Aviatik den Betrieb im Herbst des Jahres nach Freiburg evakuierte. Dort machte im April 1915 der erste bewaffnete Doppelsitzer Aviatik C.I seinen Erstflug. Er war wie sein britisches Gegenstück BE.2 konventionell konstruiert, sodass der Beobachter im vorderen Cockpit saß und der Pilot im hinteren. Das beweglich montierte Parabellum-MG-14 konnte auf beiden Seiten des Cockpits auf einer Gleitschiene, die mit einem Schnellverschluss ausgestattet war, befestigt werden. Dies ermöglichte dem Beobachter, die Waffe auf die benötigte Seite zu verlegen. Das System war unhandlich und die Geschützposition schränkte das Schussfeld stark ein. Auch die Sicht des Beobachters war vor allem nach unten eingeschränkt, da er sich direkt über dem unteren Flügel befand – ein schwerwiegender Mangel, da die Besatzung eigentlich Bodenaktivitäten beobachten sollte.

FORTSCHRITTE

Die C.I wurde in großen Stückzahlen produziert, 402 bei Aviatik und weitere 146 in Lizenz bei Halberstadt. Die aerodynamisch verbesserte C.II-Version mit einem Benz-B.III-Motor kam in kleinen Stückzahlen heraus, bevor man die Produktion auf die Endversion C.III umstellte. Diese erhielt den Mercedes D.III der C.I, eine neue, strömungsgünstigere Verkleidung und eine große Haube auf der Propellernabe. Der Kühler war eine flügelförmige Einheit an der oberen rechten Tragfläche, der Auspuff öffnete sich horizontal nach rechts. Die gute Stromlinienform brachte eine deutliche Leistungssteigerung, und die ersten C.III gingen im Laufe des Jahres 1916 an die Front. Die Beobachterkanzel blieb trotz der offensichtlichen Nachteile in der vorderen Position. Als man bei späteren C.III den Beobachter samt seinem defensiven Maschinengewehr schließlich ins hintere Cockpit verlegte, waren längst bessere Flugzeuge auf dem Markt. Aviatik baute ab 1916 die hervorragende DFW C.V, und im Laufe des Jahres 1917 wurden die Aviatik C ausgemustert.

AVIATIK C.I

Abmessungen	Länge 7,93 m Spannweite 12,50 m Höhe 2,95 m
Startgewicht max.	1.340 kg
Antrieb	1 x flüssigkeitsgekühlter Mercedes-D.III-6-Zylinder-Reihenmotor mit 160 PS
Höchstgeschwindigkeit	142 km/h
Reichweite/Flugzeit	450 km / 3,5 Stunden
Dienstgipfelhöhe	3.500 m (11.500 ft)
Besatzung	2
Bewaffnung	1 x 7,92-mm-Parabellum-MG-14

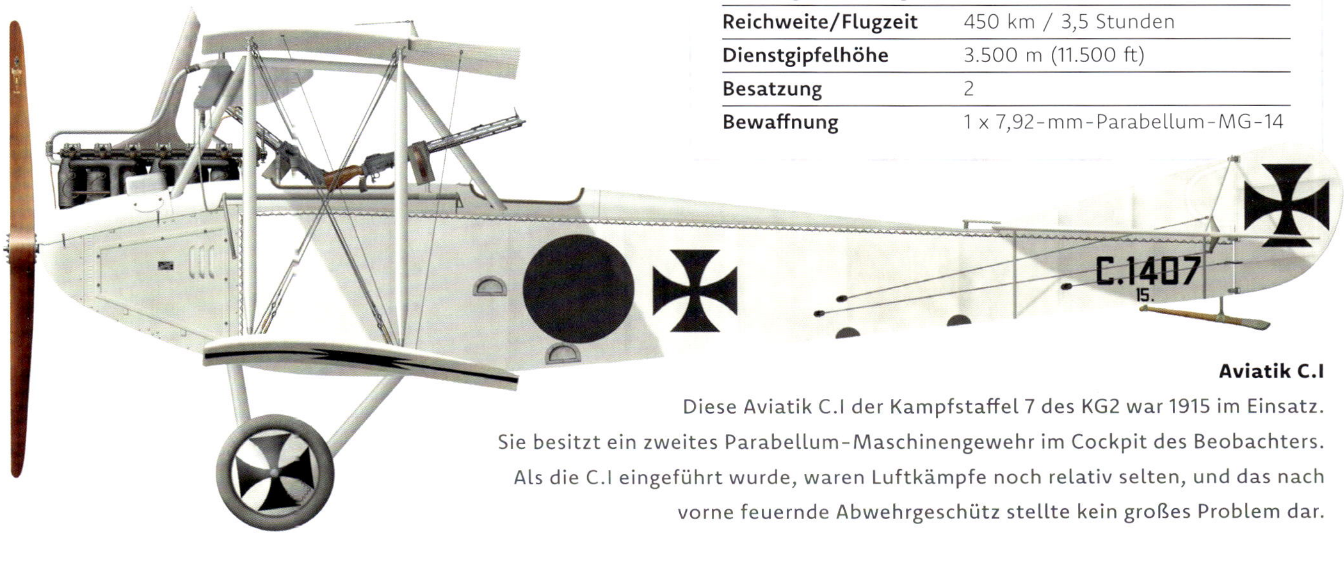

Aviatik C.I
Diese Aviatik C.I der Kampfstaffel 7 des KG2 war 1915 im Einsatz. Sie besitzt ein zweites Parabellum-Maschinengewehr im Cockpit des Beobachters. Als die C.I eingeführt wurde, waren Luftkämpfe noch relativ selten, und das nach vorne feuernde Abwehrgeschütz stellte kein großes Problem dar.

DFW C-Versionen

Die DFW C.V wurde häufiger gebaut als jedes andere deutsche Muster. Sie war ein äußerst effektiver Zweisitzer und blieb für ein Flugzeug ihrer Zeit sehr lange im Einsatz.

DFW (Deutsche Flugzeug-Werke) wurde 1910 gegründet. Man baute zunächst Farman-Lizenzkonstruktionen und gehörte später zu den zahlreichen deutschen Herstellern von Tauben, bevor Eigenkonstruktionen gebaut wurden. Es ist nicht genau bekannt, wann die DFW C.I ihren Erstflug machte, vermutlich Anfang 1916. Die C.I war ein konventionelles Mehrzweckflugzeug, bei dem wie damals üblich der Pilot im hinteren und der Beobachter/Schütze im vorderen Cockpit saß. Diese Anordnung wurde sinnvollerweise bei der ansonsten baugleichen C.II getauscht. Man nimmt an, dass C.III die Bezeichnung für ein Schubpropeller-Experimentalflugzeug war, die C.IV jedoch war eine Weiterentwicklung der C.II mit einer Tragfläche. Die Produktionszahlen der ersten DFW-C-Varianten waren klein. Vergleichbare Flugzeuge anderer Hersteller, vor allem Albatros und Rumpler, galten als überlegen. Eine Erhöhung der Motorleistung und eine überarbeitete Zelle ergaben die erfolgreiche C.V.

Die C.V war wieder ein Doppeldecker mit vier Querstreben und einem 220 PS starken Benz Bz.IV, der für gute Flugleistungen sorgte. Für einen Zweisitzer von 1916 demonstrierte das Flugzeug auffallend gute Steig- und Flugeigenschaften. Die Rumpfseiten und die Unterseite waren aus Sperrholzplatten gefertigt. Die glatte, gewölbte

Oberseite war aus Leisten geformt, die mit getränktem Stoff bespannt waren - eine leichte, aber äußerst stabile Lösung. Die Tragflächen waren herkömmlich mit Holz, Spannseilen und Gewebe konstruiert, das Leitwerk aus Stahlrohr.

Die ersten C.V gingen im August 1916 in Produktion und erreichten Ende September die Front. Obwohl das Flugzeug zu Aufklärungs- und Beobachtungszwecken gedacht war, entpuppte es sich als besonders vielseitig. Die C.V flog in den nächsten zwei Jahren Bombenangriffe und diente als Jagd-, Bodenangriffs- und Schulflugzeug. Für ihre ursprüngliche Aufgabe konnte sie mit einer Vielzahl an Kameras und Funkgeräten bestückt werden. Spätere Varianten hatten ein im Rumpf eingebautes Bombengestell sowie eine aerodynamisch verbesserte Nase mit einer stromlinienförmigen Haube an der Propellernabe.

Es wurden ungefähr 3.900 C.V gebaut. Die meisten entstanden bei DFW, doch durch die Lizenzproduktion von Aviatik, Halberstadt, LVG und Schütte-Lanz kamen noch viele weitere Maschinen hinzu. Allein von Aviatik weiß man, dass im Rahmen von zwölf Produktionsaufträgen insgesamt 1.400 bestätigte Exemplare geliefert wurden.

FURCHTERREGENDER GEGNER

Die Zelle der C.V war besonders robust. Das Flugzeug war so wendig, dass es die meisten alliierten Jagdflugzeuge auskurven konnte und in den Händen einer erfahrenen Besatzung selbst für die besten alliierten Jagdflieger ein schwieriger Gegner war. James McCudden, der siebterfolgreichste Jagdflieger aller Nationen im Ersten Weltkrieg, beschrieb ein ergebnisloses Gefecht zwischen einer C.V und seiner SE.5a am 12. Dezember 1917:

„Ich kämpfte mit dieser DFW von 4.000 Fuß hinab auf 500 Fuß über unseren Linien. Ich brach den Kampf schließlich ab, denn der Hunne war zu gut für mich und hatte schon viel auf mich geschossen. Hätte ich weitergekämpft, hätte er mich sicher erwischt."

Dass ein Flieger von McCuddens Format Reißaus vor einer scheinbar relativ harmlosen Aufklärungsmaschine nahm, bezeugt die Qualitäten dieses außergewöhnlich nützlichen Flugzeugs und seiner Besatzung.

FRONTDIENST

Obwohl die C.V im November 1918 schon recht betagt war und allmählich durch neuere Flugzeuge ersetzt wurde, waren bei Kriegsende noch etwa 600 Exemplare an der Westfront im Einsatz. Mittlerweile wurden immer mehr

DFW C.V

Diese C.V aus der mittleren Produktionsphase flog vermutlich 1917 oder Anfang 1918 bei der Flieger-Abteilung 282 (Artillerie). Sie trägt das ursprüngliche Eiserne-Kreuz-Emblem. In den letzten zweieinhalb Kriegsjahren flogen C.V unzählige Einsätze als Aufklärer für Artillerieeinheiten.

DFW C.V

Abmessungen	Länge 7,88 m Spannweite 13,27 m Höhe 3,25 m
Startgewicht max.	1.430 kg
Antrieb	1 x flüssigkeitsgekühlter Benz-Bz.IV-6-Zylinder-Reihenmotor mit 220 PS
Höchstgeschwindigkeit	155 km/h
Reichweite/Flugzeit	300 km / 3,5 Stunden
Dienstgipfelhöhe	5.000 m (16.400 ft)
Besatzung	2
Bewaffnung	1 x 7,92-mm-lMG-08/15 und 1 x 7,92-mm-Parabellum-MG-14, bis zu 100 kg Bombenlast

Maschinen zur Schulung verwendet, dafür entstand die spezielle Variante DFW C.Vc mit dem weniger leistungsstarken 200-PS-C.III-NAG-Motor. Ende 1918 arbeitete DFW an der Weiterentwicklung der C.VI, von der aber bis zum Ende der Feindseligkeiten vermutlich nur noch ein Exemplar fertig wurde. Zwei C.V flogen während des erbitterten Bürgerkriegs von 1918 in Finnland bei den weißen Truppen, und einige Flugzeuge waren auch in Bulgarien im Einsatz.

Danach, bis 1925, bauten die bulgarischen Staatswerkstätten noch sieben nicht lizenzierte Flugzeuge mit der Bezeichnung DAR Uzanov-1 für Schulungszwecke. Sechs weitere Luftstreitkräfte setzten C.V nach 1918 ein, darunter Polen, das etwa 63 Exemplare erbeutete oder kaufte. Viele davon kamen im Polnisch-Sowjetischen Krieg von 1919 bis 1921 zum Einsatz.

Drei weiter entwickelte Flugzeuge wurden bei der DFW unter der Bezeichnung F.37 gebaut. Eines dieser Flugzeuge erzielte 1919 mit einem 295 PS starken BMW-IV-Motor einen Höhenrekord von 7.700 Metern. Dieser konnte aber unglücklicherweise nicht offiziell anerkannt werden, da er gegen die Bedingungen des Waffenstillstands verstieß. Die Rekordmaschine wurde später zum Zivilflugzeug DFW P1 Limousine mit üppig gepolsterter, geschlossener Kabine für drei Passagiere umgebaut, aber es kam nicht mehr zur Serienproduktion.

DFW C.V

Wie an dem an die Flügelvorderkante verlegten Kühler zu erkennen ist, stammt diese C.V der FA (A) 239 aus einer späten Produktionsphase. Sie trägt zwei weibliche Namen, wahrscheinlich der Ehefrauen oder Freundinnen der Besatzung. Bei diesem Flugzeug wurde zur besseren Kühlung die Nabenhaube entfernt. Ein Gestell für Signalmunition sitzt an der Außenseite des Beobachtercockpits.

DFW C.V

Diese C.V ist ebenfalls ein spätes Produkt. Sie wurde bei Aviatik gebaut und kam im Mai 1918 bei der Flieger-Abteilung (Artillerie) 223 zum Einsatz. Das Flugzeug wurde von den britischen Streitkräften erbeutet und flog anschließend mit RAF-Abzeichen, behielt aber unter den neuen Besitzern das Schmetterlingsabzeichen auf dem Rumpf.

Halberstadt C.V

Obwohl die Halberstadt C.V in beträchtlichen Stückzahlen produziert und eingesetzt wurde, ist über ihre militärische Verwendung nur wenig bekannt. Dies ist zumindest teilweise auf die chaotischen Bedingungen des deutschen Rückzugs zurückzuführen, denn die C.V verbrachte in diesem Zeitraum den größten Teil ihrer Dienstzeit. Dieses Exemplar diente 1918 bei der Fliegerabteilung 46b.

HALBERSTADT C.V

Abmessungen	Länge 6,92 m Spannweite 13,62 m Höhe 3,36 m
Startgewicht max.	1.635 kg
Antrieb	1 x flüssigkeitsgekühlter Benz-Bz.IVü-6-Zylinder-Reihenmotor mit 220 PS
Höchstgeschwindigkeit	170 km/h
Reichweite/Flugzeit	600 km / 3,5 Stunden
Dienstgipfelhöhe	6.500 m (21.300 ft)
Besatzung	2
Bewaffnung	1 x 7,92-mm-lMG-08/15 und 1 x 7,92-mm-Parabellum-MG-14, bis zu 50 kg Bombenlast

Halberstadt C.V

Die Halberstadt C.V gehört zu den letzten in größerer Zahl in Dienst gestellten C-Versionen. Sie war der vielleicht beste deutsche Mehrzweck-Zweisitzer des Kriegs.

Abgeleitet von der nicht produzierten C.IV, entstand die robuste C.V bei Halberstadt im Rahmen des „Amerika-Programms" von 1918. Es zielte darauf ab, die deutschen Fliegertruppen nach dem Kriegseintritt der USA rasch zu vergrößern. Die C.V war für Langstrecken- und Höhenaufklärung gedacht und ähnelte der Halberstadt-CL-Baureihe, war aber wesentlich größer. Im März und April 1918 wurde der Prototyp in Adlershof erprobt. Nach Beginn der Produktion trafen die ersten Maschinen im Juni an der Front ein. Ausgezeichnete Flugleistungen brachten weitere Aufträge ein, und Aviatik, BFW und DFW stellten Lizenzbauten her. Bis zum Waffenstillstand wurden insgesamt ungefähr 550 Exemplare gebaut – eine beachtliche Zahl, wenn man bedenkt, dass das Flugzeug nicht einmal fünf Monate in Produktion war.

FLUG IN GROSSEN HÖHEN

Die C.V war ein großes Flugzeug und hatte einen hochverdichtenden Benz-Bz.IVü-Motor und Flügel mit großer Spannweite. Sie waren etwa doppelt so lang wie der Rumpf, um gute Flugleistungen und sichere Bedienung in großen Höhen zu gewährleisten. Ungewöhnlich für ein Flugzeug dieser Epoche hatte man auch an den Komfort der Besatzung gedacht, denn die C.V verfügte über ein elektrisch beheiztes Cockpit. Sie konnte auch eine Vielzahl von Kameras mitführen. Eine seitlich verschiebbare Tür im Boden des Beobachtercockpits gab das Objektiv frei, sobald eine Kamera in Gebrauch war. Flog die C.V in Höhen von 5.000 Metern oder mehr, war sie kaum von alliierten Jägern abzufangen, was die Besatzungen sehr zu schätzen wussten.

Eine weiterentwickelte Version, die C.VIII mit einem 174-PS-Maybach-Motor und einer erstaunlichen Dienstgipfelhöhe von 9.000 Metern, stand bei Waffenstillstand zur Produktion bereit, blieb aber ein Prototyp. Nach 1918 nutzten noch mindestens sieben Länder erbeutete oder beschlagnahmte Exemplare der C.V. 1922 kaufte die Sowjetunion 18 Flugzeuge direkt bei Halberstadt.

LFG Roland C.II & C.IV

Die Roland-Flugzeuge C.II und C.IV waren aerodynamisch ihrer Zeit voraus. Sie boten ungewöhnlich gute Flugleistungen, waren aber etwas gewöhnungsbedürftig in der Handhabung.

Die LFG (Luftfahrzeug-Gesellschaft) wurde 1908 als Werk für den Luftschiffbau gegründet und stieg 1913 in den Flugzeugbau ein. Sie fertigte ihre Konstruktionen unter dem Markennamen Roland, um Verwechslungen mit der LVG (Luft-Verkehrs-Gesellschaft) zu vermeiden. Ihr erster und erfolgreichster Entwurf war die C.II, bei der man sehr genau darauf geachtet hatte, das Flugzeug so strömungsgünstig wie möglich zu gestalten.

So wurde die Drahtverspannung auf ein Minimum reduziert. Zwischen den Tragflächen befanden sich breite I-Streben, die weniger Widerstand verursachten als herkömmliche Konstruktionen. Sogar an den Ansätzen der Tragflächen gab es simple Verkleidungen, die die Grenzschichtströmungen abmilderten und dadurch Luftwiderstand und Wirbelschleppenbildung reduzierten. Solche Verbesserungen sollten bei den meisten Flugzeugen erst zwanzig Jahre später auftauchen.

SCHUSSFELDERWEITERUNG

Die C.II besaß den patentierten LFG-Wickelrumpf. Die beiden Hälften bestanden aus zwei Schichten dünnen Sperrholzstreifen. Diese wurden in einem Winkel von etwa 60 Grad übereinandergelegt und über einer Form

LFG ROLAND C.II

Abmessungen	Länge 7,70 m Spannweite 10,30 m Höhe 2,90 m
Startgewicht max.	1.309 kg
Antrieb	1 x flüssigkeitsgekühlter Mercedes-D.III-6-Zylinder-Reihenmotor mit 160 PS
Höchstgeschwindigkeit	165 km/h
Reichweite/Flugzeit	– / 4,0 Stunden
Dienstgipfelhöhe	4.000 m (13.000 ft)
Besatzung	2
Bewaffnung	1 x 7,92-mm-lMG-08/15 und 1 x 7,92-mm-Parabellum-MG-14, bis zu 50 kg Bombenlast

Roland C.II
Man vermutet, dass der 35-fache Luftsieger Eduard Ritter von Schleich im Januar 1916 diese sehr frühe C.II bei der FFA 2b flog. Das Flugzeug hat eine neutrale Nase und trägt eine verzierte, fischförmige Verkleidung am Windmesser. Sein improvisiertes, vorwärts feuerndes Geschütz ist ein erbeutetes britisches Lewis-MG auf Lafette, das über den Propellerbogen hinweg schießt.

Roland C.IIa

Erst mit der Curtiss P-40 wurden Flugzeuge so häufig mit einem Haifischmaul verziert wie die C.II. Diese C.IIa war Anfang 1917 bei der Schusta 6 im Einsatz. Das Flugzeug fletscht grinsend die Zähne, auf die Zelluloid-Seitenfenster sind hübsche Vorhänge gemalt. Der Walfisch hat vermutlich mehr Nachahmer zu respektlosen Verzierungen inspiriert als jedes andere Flugzeug des Ersten Weltkriegs.

gebildet. Die Rumpfhälften wurden dann am Innengerüst befestigt und verklebt, die Mittelliniennähte mit Klebeband verdeckt und anschließend der gesamte Rumpf mit harzgetränktem Stoff bespannt. Diese Bauweise ermöglichte die Herstellung komplexer gebogener Verbundwerkstoff-Teile und bot hohe Festigkeit trotz geringem Gewicht, war aber zeitaufwendig und teuer.

Die C.II besaß einen großen und strömungsgünstig geformten Rumpf. Dieser füllte den Raum zwischen den oberen und unteren Flügeln vollständig aus, sodass keine zusätzlichen Stützstreben mehr erforderlich waren. Die Besatzung hatte von ihren Plätzen aus eine gute Sicht nach oben und zur Seite. Das Schussfeld des Beobachters war hervorragend, seine Sicht nach unten allerdings schlecht. Erst große Einschnitte an den Rumpfseiten schufen etwas Abhilfe. Die C.II machte im Oktober 1915 ihren Erstflug, und im Dezember wurden die ersten 50 Exemplare der insgesamt 400 bestellten Maschinen ausgeliefert.

DER WAL

Wegen ihres korpulenten aber dennoch stromlinienförmigen Baus bekam die C.II den Spitznamen Walfisch. Sie war so schnell wie sie aussah, übertraf die Höchstgeschwindigkeit zeitgenössischer Zweisitzer um rund 30 km/h und flog sogar schneller als viele Jagdflugzeuge. Als die C.II im März 1916 an der Front eintraf, machten ihr auffälliges Aussehen und der Umstand, der kleinste und schnellste deutsche Zweisitzer zu sein, allerhand Wirbel. Ihre Höchstgeschwindigkeit entsprach etwa den gegnerischen Sopwith Pup und Nieuport 17, obwohl die größere Roland lange nicht so wendig wie diese beiden alliierten Einsitzer war. Sie verschaffte sich beim Gegner Respekt: Der britische Flieger Albert Ball, der 1916 beim ersten seiner 44 Luftsiege eine C.II abschoss, nannte sie „die derzeit beste deutsche Maschine".

Zum Leidwesen der Besatzung behinderte der große Rumpf die Strömung über dem Höhenleitwerk, was die Manövrierfähigkeit beeinträchtigte. Die Sitzposition, nahezu buchstäblich auf der Tragfläche, schränkte die Sicht nach vorne und unten ein. Der Pilot konnte das Flugfeld im Landeanflug praktisch nicht sehen. Dies führte zu unverhältnismäßig vielen Unfällen.

Als Angriffswaffe für den Piloten wurde mit dem zweiten Produktionslos ein synchronisiertes Maschinengewehr installiert, weswegen eine Neugestaltung der Überrollstrebe über dem Cockpit erforderlich wurde. Auch die Tragflächen wurden verändert: Man verkürzte die Spannweite und verlegte die Flügelstreben weiter nach innen, um die Tragflächen zu verstärken. Mit diesen Modifikationen kam die neue Bezeichnung Roland C.IIa. Die letzte Charge erhielt auch ein vergrößertes Leitwerk zur Verbesserung des Steuerverhaltens – eine längst überfällige Änderung.

Als diese spät gebauten C.IIa Anfang 1917 an die Front kamen, hatte der Walfisch schon keinen Leistungsvorsprung mehr. Er ging im Laufe des Jahres nach und nach in die Ausbildungsstätten und diente dort noch bis ins Jahr 1918.

LVG C.II

Die LVG C.I und die fast baugleiche C.II waren die ersten deutschen Flugzeuge mit einem Maschinengewehr für den Beobachter. Beide leisteten gute Dienste als Aufklärer und leichte Bombenflugzeuge.

Die Luft-Verkehrs-Gesellschaft war 1912 zum Lizenzbau von Farman-Flugzeugen gegründet worden. Nachfolgend produzierte sie Eigenbauten von Franz Schneider, ihrem Schweizer Chefkonstrukteur. Schneider entwickelte im September 1914 eine Ringlafette für das MG, mit der sich die Waffe auf beiden Seiten in jede Richtung über dem Rumpf und nach unten abfeuern ließ. Die Lafette wurde am verstärkten Rumpf einer LVG B.I montiert und machte sie so zum ersten Waffenträger des Typs C. Schneiders Ringlafette gehörte später zur Standardausrüstung aller deutschen C-Maschinen.

UNZUVERLÄSSIGER MOTOR

Die C.I war ansonsten ein sehr typischer deutscher Zweisitzer seiner Zeit. Auf eine begrenzte Produktion folgte die weitaus bekanntere C.II. Sie erschien gegen Ende 1915 und wurde in großen Mengen hergestellt. Es sind keine genauen Produktionszahlen bekannt, aber das Flugzeug wurde bei Ago und Otto in Lizenz gebaut. Dies deutet darauf hin, dass wohl mehrere hundert Exemplare entstanden. Bekannt ist auch, dass 250 Exemplare der C.I und C.II im Frühjahr 1916 einsatzbereit waren. Damit gehörten sie zu den am häufigsten im Einsatz vertretenen Flugzeugtypen. Die C.III, bei der aus nicht bekannten Gründen die Positionen von Pilot und Beobachter vertauscht waren, ging nicht in Produktion, aber die etwas größere, von einem Mercedes D.IV angetriebene C.IV. Sie ging als erster Starrflügler in die Geschichte der Luftfahrt ein, als sie am 28. November 1916 in der Nähe der Victoria Station sechs Bomben über London abwarf. Die Besatzung konnte sich aber nicht lange über ihren Erfolg freuen, da das Flugzeug auf seinem Rückflug von einer französischen Flakbatterie beschädigt wurde (auch wenn einige Quellen vermuten, dass es einen Motorschaden hatte) und man die Crew nach der Notlandung gefangen nahm. Die Unzuverlässigkeit des Mercedes-Motors führte dazu, dass nur sehr wenige C.IV gebaut wurden.

LVG C.II

Abmessungen	Länge 8,10 m Spannweite 12,85 m Höhe 2,93 m
Startgewicht max.	1.405 kg
Antrieb	1 x flüssigkeitsgekühlter Mercedes-D.III-6-Zylinder-Reihenmotor mit 160 PS
Höchstgeschwindigkeit	130 km/h
Reichweite/Flugzeit	440 km / 4,0 Stunden
Dienstgipfelhöhe	4.000 m (13.000 ft)
Besatzung	2
Bewaffnung	1 x 7,92-mm-lMG-08/15 und 1 x 7,92-mm-Parabellum-MG-14, bis zu 100 kg Bombenlast

LVG C.II
Diese LVG C.II der Jasta 6 wurde wohl von einem Piloten und Beobachter geflogen, die man nur Jureck und Christensen nannte. Die C.II war nie ein besonders beeindruckendes Flugzeug, erfüllte aber die ihr zugedachte Rolle zur allgemeinen Zufriedenheit.

LVG C.VI

Diese C.VI trägt eine ungewöhnliche Winter-Tarnbemalung auf dem lackierten Holzrumpf. Sie wurde in den letzten Kriegswochen von Leutnant Kuchenthal und Unteroffizier Friedmeyer geflogen. Man beachte die Leuchtpistole im Halfter und den außen angebrachten Kompass an der Rückseite des Beobachtercockpits.

LVG C.VI

Abmessungen	Länge 7,45 m Spannweite 13,00 m Höhe 2,85 m
Startgewicht max.	1.390 kg
Antrieb	1 x flüssigkeitsgekühlter Benz-Bz.IV-6-Zylinder-Reihenmotor mit 200 PS
Höchstgeschwindigkeit	170 km/h
Reichweite/Flugzeit	400 km / 3,5 Stunden
Dienstgipfelhöhe	6.500 m (21.300 ft)
Besatzung	2
Bewaffnung	1 x 7,92-mm-lMG-08/15 und 1 x 7,92-mm-Parabellum-MG-14, bis zu 90 kg Bombenlast

LVG C.V & C.VI

Die LVG C.V und C.VI ergänzten die besonders höhentauglichen Rumpler-Flugzeuge und deckten den Bedarf an robusten und zuverlässigen Flugzeugen für leichte Bombenangriffe, zur Artilleriebeobachtung und Aufklärung auf mittleren Distanzen.

Die LVG C.V entstand aus der C.II und war mit einem 200-PS-Benz-Bz.IV-Motor deutlich leistungsfähiger. Sie absolvierte Anfang 1917 ihren Erstflug und wurde im Sommer 1917 in Dienst gestellt. Bei den Besatzungen war sie wegen ihrer guten Handhabung und der robusten Konstruktion beliebt, obwohl die Sicht aus dem Cockpit in manche Richtungen eingeschränkt war, vor allem nach vorn.

Die C.V war ein großes Flugzeug, bewährte sich aber im Luftkampf. Genaue Zahlen sind nicht bekannt, aber vermutlich wurden mehrere Hundert Exemplare gebaut.

VERBESSERTE FLUGLEISTUNGEN

Im Februar 1918 machte die erste LVG C.VI ihren Erstflug. Diese Weiterentwicklung der C.V hatte den gleichen Benz Bz.IV, dazu eine leichtere und kompaktere Zelle, die die Flugleistungen etwas verbesserte. Das Flugzeug ging im Juni an die Front. Trotz seines späten Starts begann schnell die Massenproduktion, und bis zum Waffenstillstand entstanden 1.100 Flugzeuge. Die Besatzungen schätzten es wie seinen Vorgänger wegen der beachtlichen Steigleistung, einer guten Fluggeschwindigkeit und hoher Wendigkeit.

Wie viele andere späte deutsche Flugzeuge des Kriegs dienten C.V und C.VI bei verschiedenen Streitkräften, vor allem in Osteuropa und den baltischen Staaten. Etwa 160 C.V wurden von Polen erbeutet. Viele davon dienten später im Kampf gegen die Sowjetunion. Litauische C.VI blieben noch bis 1940 im Einsatz. Sie waren inzwischen die ältesten noch im Militärdienst befindlichen Flugzeugtypen und somit ein Beweis für die Qualität der LVG-Konstruktionen.

Eine C.VI wurde 1937 in Großbritannien wieder flugfähig gemacht. Sie war nach erneuter Restaurierung von 1972 bis zu ihrem letzten Flug 2003 durchgehend in flugtauglichem Zustand und damit das letzte flugfähige deutsche Originalflugzeug des Ersten Weltkriegs.

LVG C.VI

„Lotta" flog bei der FFA 233 und trägt am Rumpf die charakteristischen Abzeichen dieser Einheit. Man beachte den windgetriebenen Generator am Fahrwerk. Er erzeugte Strom für die Funkausrüstung, die beheizten Fluganzüge und den zwischen den Flächenstreben aufgehängten Transportbehälter der Brieftaube.

Viele LVG C.VI hatten ein zweites Leben als Zivilflugzeug, das Fluggäste und Post beförderte. Einige bekamen eine geschlossene Passagierkabine. Dieses Exemplar blieb fast unverändert, abgesehen von den fehlenden militärischen Einrichtungen. Die Passagiere mussten sich warm anziehen, wie diese beiden tapferen Gestalten.

Rumpler C.I

Diese Rumpler C.I gehörte zweifellos zur Crème der 1915 erschienenen C-Doppelsitzer, die zu den damals besten Aufklärungsflugzeugen der Welt zählten. Sie war im Frühjahr 1916 während der katastrophalen Schlacht von Verdun bei Kagohl 4 im Einsatz.

RUMPLER C.I

Abmessungen	Länge 7,86 m Spannweite 12,15 m Höhe 3,06 m
Startgewicht max.	1.333 kg
Antrieb	1 x flüssigkeitsgekühlter Mercedes-D.III-6-Zylinder-Reihenmotor mit 160 PS
Höchstgeschwindigkeit	152 km/h
Reichweite/Flugzeit	600 km / 4,0 Stunden
Dienstgipfelhöhe	5.050 m (16.600 ft)
Besatzung	2
Bewaffnung	1 x 7,92-mm-Parabellum-MG-14, bis zu 100 kg Bombenlast

Rumpler C.I

Die Rumpler C.I flog schneller als alle anderen im Jahr 1915 gebauten bewaffneten Zweisitzer. Sie war wegen ihrer hervorragenden Leistungen und der robusten Konstruktion beliebt und hatte eine lange und erfolgreiche Dienstzeit.

Die C.I machte im Sommer 1915 ihren Erstflug und war bei vergleichbaren Steiggeschwindigkeiten schneller als das etwa ebenso alte Fokker-Eindecker-Jagdflugzeug. Schon im Juli wurde ihre Produktion in Auftrag gegeben, Ende Oktober war die Erprobung abgeschlossen. Erste C.I trafen Ende 1915 an der Front ein. Wie auch ihre Zeitgenossen flog die C.I mit einem 160-PS-Mercedes-D.III- und einem 150-PS-Benz-B.III-Motor. Zusätzlich baute Hannover eine 180 PS starke Version mit Argus-As.III-Motor in Lizenz. Sie bot bessere Leistungen im Tiefflug auf Kosten der Zuverlässigkeit in größeren Höhen.

ROBUSTE KONSTRUKTION

Das Flugzeug kam im Einsatz bei den Besatzungen gut an, denn sein robuster und widerstandsfähiger Rumpf aus Stahlrohr und Sperrholz versprach im Falle einer Bruchlandung gute Überlebenschancen. Es bot zugleich bessere Flugleistungen und war einfacher zu handhaben als seine Zeitgenossen. 1916 durchgehend im Einsatz, wurde es mit dem Erscheinen noch leistungsfähigerer Flugzeuge allmählich von der Westfront abgezogen und zur Ausbildung genutzt. In weniger umkämpften Frontabschnitten war die C.I trotzdem weiterhin von Nutzen. Noch im Frühjahr 1917 wurden neue C.I an die Front im Nahen Osten geliefert, wo sie äußerst erfolgreich waren.

Die C.I war auch die Basis für das mäßig erfolgreiche Wasserflugzeug Rumpler 6B, von dem 88 Exemplare gebaut wurden. Diese Version ohne Beobachterkanzel hatte nach vorn versetzte Tragflächen und ein größeres Seitenruder, um die durch die Schwimmer vergrößerte Windangriffsfläche auszugleichen. Sie war meist in Ostende und Zeebrugge stationiert, einige Flugzeuge dienten auch im Schwarzen Meer im Einsatz gegen die Russen. Eine Rumpler 6B flog bis 1925 in finnischen Diensten.

Rumpler C.III & C.IV

Mit ihrer außergewöhnlichen Höhenleistung war die Rumpler C.IV wohl das beste Aufklärungsflugzeug des Kriegs und für den größten Teil ihrer Dienstzeit praktisch immun gegen feindliche Abfangjäger.

Rumpler unternahm große Anstrengungen, um den Nachfolger der äußerst beliebten C.I zu perfektionieren. So entstand zunächst die C.III, ein Flugzeug mit einem Benz-Bz.IV-Motor, neuem Flügelgrundriss sowie einem für Höhenleistungen optimierten Tragflächenprofil. Das Flugzeug stellte mit besseren Flugleistungen als die C.I einen klaren Fortschritt dar, es entstanden aber nur etwa 75 Exemplare. Die C.III war die Wegbereiterin für die Entwicklung der hervorragenden C.IV.

EIN WICHTIGES AUFKLÄRUNGSMITTEL

Die C.IV erhielt den neuen Mercedes-D.IVa-Motor und einen modifizierten Rumpf der letzten C.III-Produktion. Die offensichtlichste Neuerung waren die abgerundeten Spitzen der unteren Tragfläche zur Verringerung des induzierten Widerstands. Das Ergebnis war ein Flugzeug mit unübertroffener Höhenleistung, das in der zweiten Hälfte des Kriegs Deutschlands wichtigstes strategisches Aufklärungsmittel werden sollte. Der Prototyp der C.IV machte Ende September 1916 seinen Erstflug. Im Oktober erregte sie großes Aufsehen, als sie mit voller Kampfbeladung in 33 Minuten auf 5.000 Meter stieg und in dieser Höhe eine Geschwindigkeit von 165 km/h behielt – eine für die damalige Zeit außergewöhnliche Leistung. Die Typenprüfung durch IdFlieg war Ende Januar 1917 abgeschlossen. Am 10. Februar wurde die Produktion der C.IV freigegeben, und noch im selben Monat erreichten die ersten Flugzeuge die Front.

Die ersten Einsätze bestätigten die ausgezeichneten Flugleistungen des Rumpler-Flugzeugs. Es gab allerdings Bedenken wegen der leichten Struktur. Immer wieder tauchten Bruchstellen am Rumpf auf, und die Zelle neigte bei bestimmten Flugmanövern zur Verwindung

RUMPLER C.III

Abmessungen	Länge 8,20 m Spannweite 12,66 m Höhe 3,25 m
Startgewicht max.	1.264 kg
Antrieb	1 x flüssigkeitsgekühlter Benz-Bz.IV-6-Zylinder-Reihenmotor mit 200 PS
Höchstgeschwindigkeit	136 km/h
Reichweite/Flugzeit	480 km / 3,5 Stunden
Dienstgipfelhöhe	4.000 m (13.200 ft)
Besatzung	2
Bewaffnung	1 x 7,92-mm-lMG-08/15 und 1 x 7,92-mm-Parabellum-MG-14, bis zu 100 kg Bombenlast

Rumpler C.III
Dieses Exemplar der Flieger Abteilung 19 war die letzte an der Front dienende Rumpler C.III. Sie trägt als einzige bereits das Balkankreuz in der Form von 1918. Auf der Rückseite eines Fotos sind die Namen Tetzner und Schneider zu erkennen, vermutlich die Besatzung.

Rumpler C.IV

Die Aufforderung „Gute Menschen schießen nicht" war auf mehreren deutschen Flugzeugen in deutscher und englischer Sprache angebracht. Wir wissen nicht, ob sie die gewünschte Wirkung erzielte.

Diese C.IV ist ein jüngeres Exemplar aus einer Order vom Februar 1917. Sie hat eine stumpfe, gebogene Nase und besitzt keine Propellerhaube. Der größte Teil des Rumpfes und der Tragflächen ist mit Stoff in Rautenform-Tarnung bespannt.

RUMPLER C.IV

Abmessungen	Länge 8,41 m Spannweite 12,66 m Höhe 3,25 m
Startgewicht max.	1.530 kg
Antrieb	1 x flüssigkeitsgekühlter Mercedes-D.IVa-6-Zylinder-Reihenmotor mit 260 PS
Höchstgeschwindigkeit	171 km/h
Reichweite/Flugzeit	585 km / 3,5 Stunden
Dienstgipfelhöhe	6.000 m (21.000 ft)
Besatzung	2
Bewaffnung	1 x 7,92-mm-lMG-08/15 und 1 x 7,92-mm-Parabellum-MG-14, bis zu 100 kg Bombenlast

und zum Verbiegen. Im April gingen daher alle C.IV zur Verstärkung des Rumpfes mit Sperrholz zurück ins Werk. Es hatte sich auch gezeigt, dass das Flugzeug nur zögernd auf Querruderausschläge reagierte, zum abrupten Strömungsabriss neigte und anschließend nur schwer aus dem Trudeln herauskam. Solche Schwächen der C.IV wurden jedoch durch die hervorragenden Flugleistungen aufgewogen. Einige bei Pfalz gebaute, hauptsächlich zur Schulung bestimmte C.IV erhielten aber für eine bessere Reaktion Querruder an allen vier Flügelspitzen statt nur am oberen Flügel. Diese Modifikation wurde allerdings nie von anderen Herstellern übernommen.

BEEINDRUCKENDE FLUGHÖHEN

C.IV flogen im Einsatz routinemäßig in Höhen von 5.000 Metern oder mehr, die die meisten alliierten Jäger nicht erreichten. Die wenigen, die dazu in der Lage waren, wurden zumeist von den Rumplern überholt oder ausmanövriert. Da die C.IV an der Front beachtlichen Erfolg hatte, setzte man ihre Entwicklung zur Verbesserung ihrer Leistung fort. Ende 1917 kam der stärkere BuS.IVa-Motor von Basse & Selve heraus und wurde in die C.IV eingebaut, sobald er verfügbar war. Einige C.IV erhielten den „überverdichteten" Maybach Mb.IVa. Er leistete zwar auf Meereshöhe weniger als der Standard-Mercedes-Motor, behielt die Leistung aber in der Höhe bei. Der Maybach-Motor kam auch in der weiterentwickelten C. VII zum Einsatz, die einen etwas kleineren Rumpf und leicht vergrößerte Tragflächen besaß. Sie schaffte bis zu 7.000 Meter Höhe und verfügte über einen Generator für die elektrisch beheizten Fluganzüge und eine Sauerstoffanlage für die Besatzung.

Ein modifizierter C.VII-Typ mit dem Namen Rubild (Rumpler Bildaufklärer), bei dem das vordere Geschütz und alle Zusatzgeräte entfernt waren, schaffte eine Höhe von 7.300 Metern. Seine Besatzungen nutzten Messter-Streifenkameras zur Kartierung ausgedehnter Gebiete und fotografierten bis Kriegsende alle zwei Wochen die gesamte Westfront. Etwa 1.000 C.IV-, C.VII- und Rubild-Versionen wurden gebaut.

BODENANGRIFF- UND GELEIT-SCHUTZJÄGER

Deutschland war Vorreiter beim Einsatz von Flugzeugen zum direkten Angriff auf Bodentruppen. Dabei bewährten sich besonders die CL-Versionen, die in ihrer Hauptrolle als Begleitjäger dienten. Sie wurden von schwer gepanzerten J-Typen unterstützt. Diese ebneten den Weg für die Luftnahunterstützung, die die Junkers Ju 87 Stuka rund 20 Jahre später für den Blitzkrieg perfektionieren sollten.

DIESES KAPITEL BEHANDELT FOLGENDE FLUGZEUGE:

- Halberstadt CL.II
- Halberstadt CL.IV
- Hannover CL-Typen
- Junkers CL.I
- Albatros J.I & J.II
- Junkers J.I

Die Hannover CL.III war eines der besten Nahkampfflugzeuge des Ersten Weltkriegs. Ihr ungewöhnliches Doppeldeckerheck bot dem Beobachter ein größeres Schussfeld nach hinten. Der deutsche Einsatz taktischer Luftmacht gegen Bodenziele war deutlich durchdachter als der der Alliierten und erwies sich als äußerst wirksam.

Halberstadt CL.II

Die vielseitige CL.II von Halberstadt war ursprünglich für den Einsatz als Begleitjäger vorgesehen. Sie bewährte sich hervorragend in dieser Rolle, war aber auch im Bodenangriff äußerst erfolgreich.

Die Halberstädter Flugzeugwerke entwarfen 1916 für die IdFlieg einen zweisitzigen Begleitjäger und „leichten" C-Typ als neue Variante CL.II. Nachdem sie im Mai 1917 die offizielle Erprobung erfolgreich durchlaufen hatte, kam sie im August an die Front und war sofort erfolgreich. Sie zeigte eine hervorragende Wendigkeit, gute Steigleistungen und bot dem hinteren Bordschützen ein weites Schussfeld, was sie gegnerischen Einsitzern im Luftkampf praktisch ebenbürtig machte. Die Besatzung saß anders als sonst in einem gemeinsamen großen Cockpit, wo sie gut miteinander kommunizieren konnte, dies trug sehr zur Beliebtheit des Flugzeugs bei. CL.II bildeten schnell das Rückgrat der Schutzstaffeln und eskortierten Aufklärungsflugzeuge des C-Typs. Bald jedoch gewann die Rolle als Nahkampfjäger zunehmend an Bedeutung. Im März 1918 wurden die CL.II-Einheiten umbenannt in Schlachtstaffeln, was auf ihren Einsatzschwerpunkt als Unterstützer der Infanterie hinweist.

BODENANGRIFFSROLLE

Die erhöhte ringförmige Geschützhalterung ermöglichte dem Beobachter die Bekämpfung von Bodenzielen. An der linken Rumpfseite war eine Halterung für zehn Stabgranaten befestigt. Die CL.II war im Einsatz von Anfang an hoch wirksam. So griffen 24 Halberstadt-Schlachtstaffeln im September 1917 britische Truppen an, die über

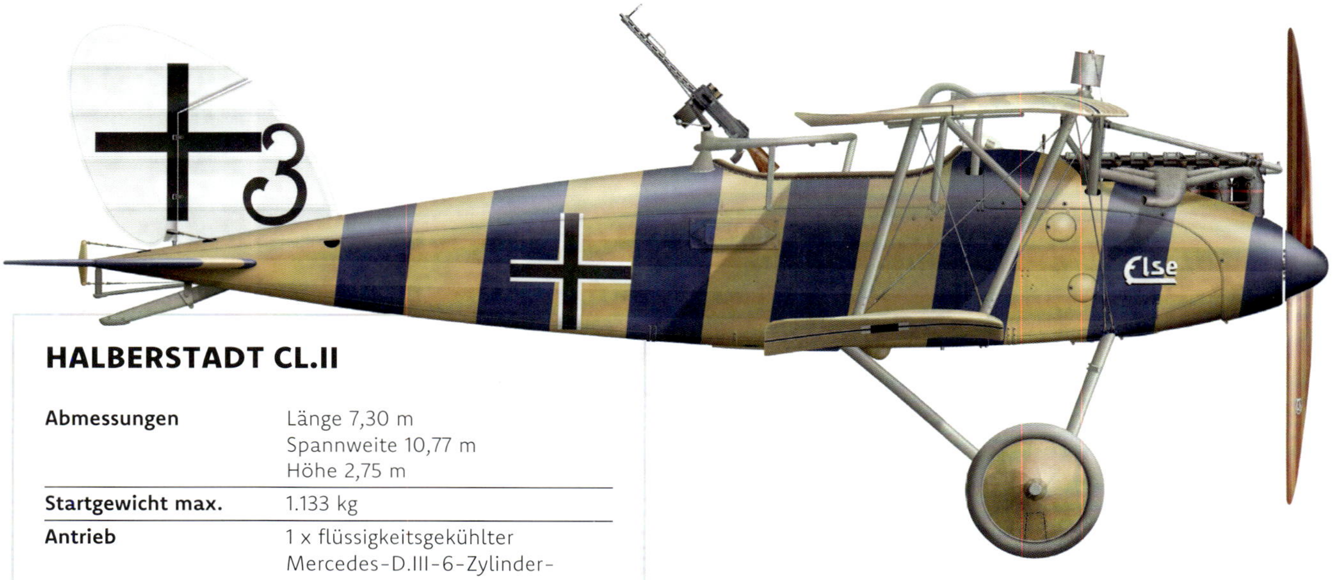

HALBERSTADT CL.II

Abmessungen	Länge 7,30 m Spannweite 10,77 m Höhe 2,75 m
Startgewicht max.	1.133 kg
Antrieb	1 x flüssigkeitsgekühlter Mercedes-D.III-6-Zylinder-Reihenmotor mit 160 PS
Höchstgeschwindigkeit	165 km/h
Reichweite/Flugzeit	500 km / 3,0 Stunden
Dienstgipfelhöhe	5.500 m (18.000 ft)
Besatzung	2
Bewaffnung	1 x 7,92-mm-lMG-08/15, 1 x 7,92-mm-Parabellum-MG-14, bis zu 5 x 10-kg-Wurfgranaten, 10 x Stielhandgranaten, 15 x Splitterbomben für Granatwerfer

Halberstadt CL.II
Diese beeindruckende CL.II der Schlasta 21 ist ebenso auffällig wie ihre Gegenstücke in den Jagstaffeln und wurde von Rudolf Kolodzicj und Max Niemann geflogen.
Die Besatzung wurde am 2. Oktober 1918 abgeschossen und gefangengenommen. Das Flugzeug trägt die Namen Else auf der rechten und Martha auf der linken Bugseite.

Halberstadt CL.II
Der Beobachter Fridolin Redenbach „befehligte“ Ende 1917 „Anni“, eine CL.II der Schutzstaffel 27b. Beobachter waren oft die ranghöheren Mitglieder einer Zweimannbesatzung. Das Flugzeug trägt die ungewöhnliche Halberstadt-Flecktarnung auf einem aufgemalten Rautenmuster. Die Bedeutung des furchteinflößenden Ungetüms ist nicht bekannt.

die Somme-Brücken bei Bray und St. Christ vorrückten. Der Angriff löste Panik aus, und die Truppen sprangen über die Brüstungen der beiden Brücken, um so dem Maschinengewehrfeuer und den Granaten der feindlichen Flugzeuge zu entgehen. Auch die rückwärtigen Artillerietruppen und ihre Pferde wurden angegriffen, wobei die CL.II vermutlich den Großteil einer Division vernichteten. Zwei Sopwith Scouts attackierten zwar die Halberstadt-Flugzeuge, konnten aber keinen Schaden anrichten. Eine Sopwith ging dabei verloren.

Halberstadt baute 700 CL.II, bevor man Mitte 1918 die Produktion auf die CL.IV umstellte. Weitere 200 CL.II wurden danach bei den Bayerischen Flugzeugwerken gebaut. Das Flugzeug war bis zum Kriegsende im Einsatz.

Das Fehlen jeglicher Einheitsabzeichen deutet darauf hin, dass diese Halberstadt CL.II ein fabrikneues, noch nicht an der Front eingesetztes Exemplar war. Gut zu erkennen ist die ungewöhnliche, erhöhte Ringlafette des Beobachter-Maschinengewehrs über dem hinteren Cockpit. Sie ermöglicht es, mit der beweglich angebrachten Parabellum von beiden Seiten des Flugzeugs aus direkt nach unten zu feuern.

Halberstadt CL.IV
Günther Lüdeke und Karl Steck flogen im Oktober 1918 diese bei Roland gebaute CL.IV der Schlasta 6 (unter dem Kommando von Lüdekes Bruder Jürgen), ein Produkt vom Ende des Weltkriegs. Das primitive Totenkopfmotiv erinnert an den Kavalleriedienst der Brüder Lüdeke beim Braunschweigischen Husaren-Regiment 17 Totenkopf.

Halberstadt CL.IV

Die CL.IV entstand aus der CL.II und wurde für den Bodenangriff optimiert, wobei sie sich wie ihre Vorgängerin als äußerst wirksam erwies.

Die CL.IV sollte zur Ergänzung der CL.II dienen und sie später ersetzen. Ihre überlegene Wendigkeit war unabdingbar für ein ungepanzertes, nur auf Beweglichkeit zum Selbstschutz angewiesenes Flugzeug. Sie hatte einen kompakteren, leichteren Rumpf und größere, gestreckte Leitwerke. Das Höhenruder mit aerodynamischem Ausgleich reagierte viel besser auf vertikale Steuereingaben. Die übrigen Leistungsparameter entsprachen denen der CL.II. Beide Flugzeuge hatten den gleichen Mercedes-D. III-Motor und die gleiche Cockpitauslegung. Die Typenprüfung wurde im April 1918 abgeschlossen. Der Bericht hob die „sehr günstige Steigrate und die hervorragenden Flugeigenschaften" hervor. Ab dem Frühsommer kam die CL.IV zum Einsatz und diente bis zum Kriegsende.

FURCHTEINFLÖSSENDER RUF

Als die CL.IV in den Kampf gingen, waren die deutschen Streitkräfte nach dem Scheitern der Frühjahrsoffensiven von 1918 bereits in der Defensive. Die Schlasta-Einheiten hatten ihre Taktiken aufs Äußerste verfeinert. Sie griffen in Schwärmen von vier bis sechs Flugzeugen unermüdlich Truppenansammlungen an und zerstreuten diese, wenn sie sich zum Angriff vorbereiteten. Anschließend unterstützten sie je nach Lage die deutschen Truppen bei ihren Gegenangriffen. Die CL.IV bewährten sich auf solchen schwierigen und gefährlichen Einsätzen hervorragend, waren bei ihren Besatzungen beliebt und wurden von ihren Gegnern respektiert. Obwohl die CL.IV hauptsächlich für Bodenangriffe zum Einsatz kam, diente sie gelegentlich auch als Begleitschutz. Gegen Ende des Kriegs flogen CL.IV in Mondnächten als Abfangjäger, um heimkehrende alliierte Bomber abzufangen. Etwa 450 dieser äußerst nützlichen Flugzeuge wurden bei Halberstadt und weitere 250 bei LFG Roland bestellt, und die Auslieferungen dauerten bis zum Kriegsende an.

HALBERSTADT CL.IV

Abmessungen	Länge 6,54 m Spannweite 10,74 m Höhe 2,67 m
Startgewicht max.	1.068 kg
Antrieb	1 x flüssigkeitsgekühlter Mercedes-D.III-6-Zylinder-Reihenmotor mit 160 PS
Höchstgeschwindigkeit	165 km/h
Reichweite/Flugzeit	500 km / 3,5 Stunden
Dienstgipfelhöhe	6.400 m (21.000 ft)
Besatzung	2
Bewaffnung	1–2 x 7,92-mm-lMG-08/15, 1 x 7,92-mm-Parabellum-MG-14, bis zu 5 x 10-kg-Wurfgranaten, 10 x Stielhandgranaten, 15 x Splitterbomben für Granatwerfer

Hannover CL-Typen

Obwohl die Hannoversche Waggonfabrik AG (HAWA) noch nie ein Flugzeug gebaut hatte, entwickelte sie einen beeindruckenden Zweisitzer, der als Jagd- und Nahunterstützungsflugzeug beachtliches leistete.

Die HAWA war ein deutscher Hersteller von Eisenbahnwaggons, baute aber ab 1915 als Subunternehmer auch Flugzeuge. Im Jahr 1917 entwarf der Vorkriegs-Luftfahrtpionier Hermann Dorner das erste HAWA-Leichtflugzeug C.II, das ab Sommer 1917 rückwirkend die Bezeichnung CL.II erhielt (es gab keine C.I, doch Hannover baute die Aviatik C.I in Lizenz, und so bezeichnete man das erste hauseigene Flugzeug einfach nach dieser numerischen Reihenfolge).

Die CL.II wurde von einem Argus As.III angetrieben und hatte wie die zeitgenössische Albatros einen Rumpf aus Sperrholz. Ein ungewöhnliches Merkmal war das Doppeldeckerheck, das dem Beobachter ein möglichst großes Schussfeld nach hinten bieten sollte. Er saß auch erhöht, wodurch er über den ganzen oberen Bereich schießen konnte. Feindliche Jagdflieger verwechselten die für einen Zweisitzer ungewöhnlich kleine CL.II oft mit einem einsitzigen Jagdflugzeug, „bis sie auf Nahdistanz herankamen und der Hunnen-Schütze plötzlich aus seinem Büro auftauchte", wie es der erfolgreiche Jagdflieger James McCudden ausdrückte. 443 Exemplare der CL.II wurden gebaut, viele von diesen bei LFG Roland unter der Bezeichnung CL.IIa.

Die CL.II bestand im Juli 1917 die Musterprüfung und kam ab Oktober zu den Schutzstaffeln, wo sie sich als wirksam und vielseitig erwies. Neben der Hauptaufgabe als Begleitjäger für bestimmte Aufklärungsflugzeuge diente sie auch selbst zur taktischen Aufklärung für niedrige Höhen. Ihre Wendigkeit war so gut, dass ihre

HANNOVER CL.II

Abmessungen	Länge 7,59 m Spannweite 11,95 m Höhe 2,80 m
Startgewicht max.	1.081 kg
Antrieb	1 x flüssigkeitsgekühlter Argus-As.III-6-Zylinder-Reihenmotor mit 180 PS
Höchstgeschwindigkeit	165 km/h
Reichweite/Flugzeit	500 km / 3,5 Stunden
Dienstgipfelhöhe	7.500 m (24.600 ft)
Besatzung	2
Bewaffnung	1 x 7,92-mm-lMG-08/15, 1 x 7,92-mm-Parabellum-MG-14

Hannover CL.II
Die CL.II „Weiße 4" der Schlasta 25 trägt die typische Rauten-Tarnbemalung vieler Hannover-Flugzeuge auf dem Rumpf. Tragflächen, Höhenleitwerke und Radverkleidungen sind mit dem konventioneller bedruckten Bespannstoff mit Rautenmuster bezogen. Die „Weiße 4" hatte eine Leuchtraketenhalterung direkt unter dem Beobachter-Cockpit.

Hannover CL.III
Die Yellow 1, einer der vergleichsweise seltenen CL.III, gehörte im Mai 1918 zur Feldabteilung (Artillerie) 286b. Das von Heinrich Fichtbauer und Joseph Herz geflogene Flugzeug zeigt die frühe Form des deutschen Balkenkreuzes mit einem nicht standardmäßigen verlängerten Querbalken am Rumpfkreuz sowie ein seltsames Fabelwesen, das aus einem Bierkrug zu kommen scheint.

Besatzungen gegnerische Einsitzer ohne Bedenken angreifen konnten. Wie ihre Zeitgenossin Halberstadt CL.II auch, kam die Hannover CL.II auf dem Schlachtfeld immer häufiger zur Nahunterstützung zum Einsatz, und ihre Luftüberlegenheitsrolle trat in den Hintergrund.

VERBESSERTE MOTOREN

Im Februar 1918 bestand die Version CL.III mit einem Mercedes-D.III-Motor, einem leichteren, schmaleren Rumpf und geringerer Spannweite ihre Musterprüfung. Der Mercedes-Motor bot eine bessere Höhenleistung, und eine Bestellung über 200 Maschinen wurde erteilt. Das D.III-Triebwerk war jedoch wegen seiner Verwendung in einsitzigen Jagdflugzeugen kaum verfügbar, und nur 80 C.III-Maschinen wurden gebaut.

Der Rest der Bestellung wurde als CL.IIIa mit einem Argus-As.III-Motor ausgeführt. Letztlich entstanden so insgesamt 611 Exemplare. Diese neueren Typen besaßen anders gestaltete Querruder mit Ausgleichsflächen zur Verbesserung der Steuereigenschaften und Wendigkeit besonders in den niedrigen Flughöhen, in denen sich die Hannover immer häufiger aufhielt. Die Hannover CL-Typen kamen gemeinsam mit den Halberstadt CL.II und CL.IV bei den Schlachtstaffeln zum Einsatz. Dort waren sie ähnlich erfolgreich und bekämpften bis zum Ende der Kampfhandlungen zuverlässig Bodenziele.

Zu den letzten Weiterentwicklungen der CL im Krieg zählten die nur fünf Mal gebaute CL.IV, ein Höhenbegleitjäger mit einem 300-PS-Maybach-Motor, und die CL.V mit dem hervorragenden 185-PS-BMW-IIIa-Motor und einer deutlich verbesserten Flugleistung. Insgesamt

HANNOVER CL.IIIa

Abmessungen	Länge 7,60 m Spannweite 11,70 m Höhe 2,80 m
Startgewicht max.	1.068 kg
Antrieb	1 x flüssigkeitsgekühlter Argus-As.III-6-Zylinder-Reihenmotor mit 180 PS
Höchstgeschwindigkeit	165 km/h
Reichweite/Flugzeit	500 km / 3,0 Stunden
Dienstgipfelhöhe	7.500 m (24.600 ft)
Besatzung	2
Bewaffnung	1 x 7,92-mm-lMG-08/15, 1 x 7,92-mm-Parabellum-MG-14

Mit ihrer buckligen Silhouette, dem ungewöhnlichen Doppeldecker-Leitwerk und dem platten Rumpf boten Hannover-Zweisitzer wie diese CL.IIIa keinen besonders schönen Anblick. Was ihnen an gutem Aussehen fehlte, machten sie durch ihre Effizienz mehr als wett. Die Hannover-CL-Baureihen gehörten zu den besten zweisitzigen Kampfflugzeugen, die je von einer der beteiligten Nationen des Weltkriegs gebaut wurden.

entstanden bis Kriegsende 46 CL.V, von denen jedoch keine mehr an die Front gelangte.

Hannover baute überraschenderweise noch nach dem Waffenstillstand weitere 62 Maschinen, bis der Versailler Vertrag der deutschen Militärflugzeugentwicklung ein Ende setzte. Ungeachtet dessen entstanden 1923 noch einmal 14 C.V für die norwegische Armee.

Inzwischen wurde die CL.III zu einem Zivilflugzeug weiterentwickelt, das als Hawa F.3 bekannt wurde. Im unabhängigen Polen entstand ein exakter Nachbau der CL.II als erstes nationales Flugzeug. Er machte seinen Erstflug im Jahr 1919 und erhielt die Bezeichnung CWL SK-1 Słowik.

Hannover CL.IIIa

Die CL.IIIa war der letzte Ableger der Hannover CL und das meistgebaute aller Hannover-Flugzeuge. Dieses Exemplar mit dem Namen „Lena“ war in der zweiten Hälfte des Jahres 1918 bei der bayerischen Aufklärungseinheit Fliegerabteilung 46b im Einsatz. Es trägt das charakteristische Zickzack-Rumpfband dieser Einheit.

Junkers CL.I
Diese CL.I trägt die auch bei der D.I verwendete typische grün-malvenfarbene Junkers-Werkslackierung. Sie gehörte zu den Flugzeugen, die Anfang 1919 mit großem Erfolg im Kampfgeschwader Sachsenberg eingesetzt wurden.

Junkers CL.I

Hätte der Krieg bis 1919 angedauert, wäre die revolutionäre Junkers CL.I sicher das Flaggschiff der Schlachtstaffeln geworden. Produktionsschwierigkeiten verzögerten jedoch ihre Indienststellung, und sie kam nur noch wenig zum Einsatz.

Die CL.I war im Kern eine gestreckte Zweisitzer-Version der Junkers D.I und machte am 10. Dezember 1917 ihren Erstflug. Ganzmetallflugzeuge waren IdFlieg zutiefst suspekt, doch Berichte von Junkers-J.I-Besatzungen hatten die Widerstandsfähigkeit des Metalls gegen feindliche Angriffe und Wettereinflüsse, die bei Holzflugzeugen ein ernsthaftes Problem darstellten, bestätigt. Tests zeigten die Qualitäten der CL.I, deren für ein damaliges Flugzeug beispiellos robuste Ganzmetallzelle sie weitgehend unempfindlich gegen Handfeuerwaffengeschosse machte. Schließlich wurden 63 Flugzeuge bestellt, weitere sollten als Ersatz für die Halberstadt folgen. IdFlieg zögerte aber, Junkers den Auftrag zu erteilen: Man bezweifelte, dass das Unternehmen eine so große Anzahl von Flugzeugen herstellen konnte. Vorübergehend wurde erwogen, die Flugzeuge bei Linke-Hoffmann zu bestellen, doch dann stimmte IdFlieg einer Gemeinschaftsproduktion von Junkers und Fokker zu. So ging wertvolle Zeit verloren. Nur 43 Maschinen konnten bis zum Waffenstillstand geliefert werden, von denen eine Handvoll die Front erreichte. Es ist unwahrscheinlich, dass auch nur eine davon in Deutschland zum Einsatz kam.

EINSATZ IM BALTIKUM

Dafür kam die CL.I woanders zum Einsatz: 1919 flog die Freiwillige Flieger Abteilung 417 des Kampfgeschwaders Sachsenberg zur Unterstützung von Freikorps-Einheiten im Baltikum, die gegen bolschewistische Aufständische kämpften. Die Junkers-Maschinen standen bei eiskaltem und feuchtem Wetter im Freien, was jedes andere Flugzeug an den Boden gefesselt hätte. Sie blieben aber sechs Monate lang ohne technische Ausfälle im Einsatz. Drei Exemplare der Seeflieger-Variante CLS.I gingen auch an die Kriegsmarine. Dieser Typ hatte kaum drei Wochen vor dem Waffenstillstand seinen Erstflug gemacht. Die CLS.I war eine CL.I mit Schwimmern anstelle des Radfahrwerks und besaß zum Ausgleich für die größere Windangriffsflächen der Schwimmer ein großes, dreieckiges Seitenleitwerk vor dem Seitenruder. Das Leitwerk wurde später zum Markenzeichen der vielen Junkers-Nachkriegskonstruktionen, nicht zuletzt der überaus erfolgreichen F13.

JUNKERS CL.I

Abmessungen	Länge 7,90 m Spannweite 12,00 m Höhe 2,65 m
Startgewicht max.	1.050 kg
Antrieb	1 x flüssigkeitsgekühlter Mercedes-D.IIIa-6-Zylinder-Reihenmotor mit 180 PS
Höchstgeschwindigkeit	161 km/h
Reichweite/Flugzeit	380 km / 2,0 Stunden
Dienstgipfelhöhe	6.000 m (19.700 ft)
Besatzung	2
Bewaffnung	2 x 7,92-mm-lMG-08/15, 1 x 7,92-mm-Parabellum-MG-14

Albatros J.I & J.II

Albatros entwickelte die J.I als gepanzerte Version der C.XII. Sie war trotz bestenfalls ausreichender Flugleistungen ein wirksames Kampfmittel und wurde bis zum Kriegsende eingesetzt.

Die J.I wurde speziell für Bodenangriffe aus dem Tiefflug und zur Gefechtsfeldaufklärung entwickelt. Sie hatte die Tragflächen und das Leitwerk der C.XII und einen neuen Rumpf, dessen Cockpit mit einer 490 Kilogramm schweren Nickel-Stahl-Panzerplatte geschützt war. Die J.I war rund 350 Kilogramm schwerer als die C.XII. Sie musste sich aber im Gegensatz zur C.XII mit dem 260 PS starken Mercedes D.IV mit dem Benz Bz.IV begnügen, der nur über 200 PS verfügte. In niedrigen Flughöhen leistete er etwas mehr als angegeben. Wie zu erwarten, waren die Flugleistungen der gepanzerten J.I nur mäßig. Sie konnte höchstens 140 km/h erreichen, auch die Steigleistung war schlecht, was aber bei einem Flugzeug für niedrige Höhen nicht als ernsthaftes Problem galt. Die Offensivbewaffnung war für den Bodenangriff optimiert worden. Sie bestand aus zwei feststehenden lMG-08/15, die im 45-Grad-Winkel durch den offenen Cockpitboden nach unten feuerten, und wurde ergänzt mit dem beweglichen Maschinengewehr des Beobachters und Bedarfswaffen, zum Beispiel Handgranaten.

DEUTSCHE FRÜHJAHRSOFFENSIVE

Die J.I kam im April 1918 im Rahmen der Operation Georgette erstmals bei der Schlacht an der Lys während der deutschen Frühjahrsoffensive zum Einsatz und war sehr erfolgreich. Eskortiert von Halberstadt- und Hannover-CL-Flugzeugen, griffen Dreier- bis Sechsergruppen mit J.I aus Höhen von 50 bis 500 Metern mit tödlicher Wucht Schützengräben, Geschützstellungen und Transportkolonnen an. Die J.I war wegen ihres Panzerschutzes und der sehr guten Sicht aus dem Cockpit bei ihren Besatzungen sehr beliebt. Rund 240 gebaute Maschinen waren bis zur Einstellung der Feindseligkeiten intensiv im Einsatz. Eine verbesserte Version, die J.II, war kleiner, hatte einen stärkeren Benz-Bz.IVa-Motor mit 220 PS und mehr Panzerschutz. Sie war aber noch langsamer und nicht ganz so wendig wie die J.I. Etwa 90 J.II wurden gebaut und waren ab Juni 1918 im Einsatz.

ALBATROS J.I

Abmessungen	Länge 8,80 m Spannweite 14,14 m Höhe 3,30 m
Startgewicht max.	1.808 kg
Antrieb	1 x flüssigkeitsgekühlter Benz-Bz.IV-6-Zylinder-Reihenmotor mit 200 PS
Höchstgeschwindigkeit	140 km/h
Reichweite/Flugzeit	350 km / 3,5 Stunden
Dienstgipfelhöhe	4.500 m (14.800 ft)
Besatzung	2
Bewaffnung	2 x 7,92-mm-lMG-08/15, 1 x 7,92-mm-Parabellum-MG-14

Albatros J.I
Diese J.I diente im späten Frühjahr 1918 bei der bayerischen Schlachtstaffel Flieger Abteilung 293. Die Eisernen Kreuze wurden vom Lack des hölzernen hinteren Rumpfs und vom Leitwerk abgekratzt und gemäß der IdFlieg-Anweisung vom 20. März 1918 durch das neue Balkenkreuz auf dem Seitenruder und dem mittleren Rumpf ersetzt.

Junkers J.I
Die Rautentarnung am hinteren Rumpf zeigt die Stoffbespannung dieses Bereichs. Das einzige andere nicht-metallische Teil der Zelle war der hölzerne Hecksporn. Dieses Exemplar stammte aus der ersten, im Juni 1918 bestellten Charge von Flugzeugen. Es wurde nach dem Waffenstillstand von kanadischen Truppen verlassen auf einem Flugplatz entdeckt.

Junkers J.I

Die Junkers J.I war das erste Serien-Ganzmetallflugzeug und eines der bedeutendsten Flugzeuge der Luftfahrtgeschichte. Sie erwies sich im Einsatz als äußerst erfolgreich. Trotz dieser Tatsachen ist der „Möbelwagen" bis heute recht unbekannt.

Der Ingenieur, Wissenschaftler und Erfinder Professor Hugo Junkers gründete 1892 ein Unternehmen für den Bau von Heizkesseln und Gasherden. 1909 wandte er sich der Luftfahrt zu, als sein Unternehmen Metallflügel aus Wellblech für ein Ganzmetall-Flugzeug lieferte, das sein Professorenkollege Hans Reissner an der Universität Aachen entworfen hatte. Es war das erste Ganzmetall-Flugzeug der Welt, und die Zusammenarbeit mit Reissner muss Junkers dazu angespornt haben, sich mit großem Enthusiasmus der Luftfahrt zu widmen. Die Entwicklung eines Ganzmetall-Eindeckers, der J1, brachte Junkers den IdFlieg-Auftrag ein, diese Bauart weiter zu entwickeln. Das Ergebnis war die Junkers J4, ein von der IdFlieg als J.I bezeichnetes Flugzeug für den Bodenangriff und zur Heeresunterstützung.

Die Entwicklung des erfolglosen (schnellen, aber zu schweren) J2-Jagdflugzeugs hatte Junkers dazu bewogen, weitere Flugzeuge nur noch mit Duraluminium anstatt Elektrostahl als Hauptwerkstoff zu bauen. Bei der J4 legte man besonderen Wert auf den Eigenschutz. Herzstück der Konstruktion war eine 470 Kilogramm schwere und fünf Millimeter dicke Panzerwanne aus Nickelstahl. Sie umschloss den Motor, die Treibstofftanks und das Cockpit und endete in einem massiven Schott, das vor Angriffen von hinten schützte. Schubstangen anstelle der sonst üblichen Drahtseile bewegten die Steuerflächen, diese waren weniger anfällig für Beschädigungen durch Bodenfeuer. Der Hauptkraftstofftank war zweigeteilt, um bei Beschuss mehr Redundanz zu bieten. Der Rest des Flugzeugs bestand aus einem Leichtmetallrohrrahmen mit einer Außenhaut aus gewelltem Duraluminium. Rumpf, Seiten- und Seitenleitwerk waren nur mit Stoff bespannt. Später wurden auch diese Bereiche mit Duraluminium-Wellblech verkleidet. So schussfest das Flugzeug in der Luft auch war, am Boden war es sehr empfindlich: die Mannschaften mussten es sehr vorsichtig bewegen, um die nur 0,19 Millimeter dünne Tragflächenverkleidung aus legiertem Metall nicht zu verbeulen.

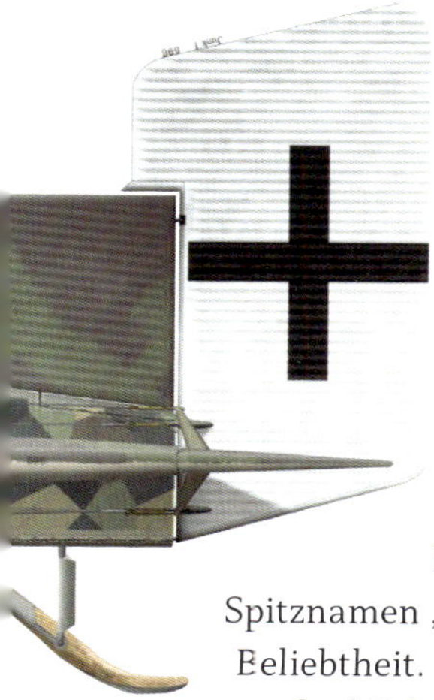

SELBSTSCHUTZ FÜR DIE BESATZUNG

Das Flugzeug machte am 28. Januar 1917 seinen Erstflug. Die Produktion kam nur schleppend in Gang, und die ersten Exemplare kamen erst im August des Jahres an die Front. Sobald sich die Besatzungen an die Eigenheiten dieses revolutionären, aber schwerfällig zu handhabenden Flugzeugs gewöhnt hatten (es trug den Spitznamen „Möbelwagen“), erfreute es sich großer Beliebtheit. Das lag nicht zuletzt am geradezu unglaublichen Schutz, den es seinen Insassen bot.

Die J.I war jedoch nicht völlig unverwundbar, auch wenn viele Quellen behaupten, dass keine einzige Maschine durch feindliches Feuer verloren gegangen sei. Eine wurde im März 1918 von dem erfolgreichen Sopwith-Camel-Jagdflieger Donald MacLaren abgeschossen, eine andere von einer französischen Flakbatterie mit panzerbrechenden Geschossen zum Absturz gebracht. Diese Verluste blieben aber eher die Ausnahme, und ein J.I-Besatzungsmitglied konnte sich in der Tat sehr glücklich schätzen.

Die J.I wurden bei den deutschen Frühjahrsoffensiven 1918 stark beansprucht und in der höchst gefahrvollen Rolle der „Kontaktpatrouille“ eingesetzt. Sie bestand in erster Linie darin, den Verlauf der Frontlinie und etwaige Veränderungen aus niedriger Höhe zu überprüfen. Die Ergebnisse wurden vom Beobachter per Funk an den rückwärtigen Gefechtsstand gemeldet. Die Besatzungen warfen Ersatzmunition und Verpflegung über Maschinengewehrnestern, Schützengräben und Außenposten ab, die abgeschnitten worden waren und nicht mehr anderweitig versorgt werden konnten. Sie griffen aber auch feindliche Stellungen an, zunächst mit nach unten gerichteten Maschinengewehren. Es war jedoch unmöglich, auf diese Weise zu zielen, daher wurden sie zu konventionellen, nach vorn feuernden Waffen umfunktioniert.

Insgesamt wurden 227 J.I-Maschinen gebaut. Die Flugzeuge blieben bis zum Ende der Feindseligkeiten im Einsatz.

JUNKERS J.I

Abmessungen	Länge 9,10 m Spannweite 16,00 m Höhe 3,40 m
Startgewicht max.	2.140 kg
Antrieb	1 x flüssigkeitsgekühlter Benz-Bz.IV-6-Zylinder-Reihenmotor mit 200 PS
Höchstgeschwindigkeit	155 km/h
Reichweite/Flugzeit	310 km / 2,0 Stunden
Dienstgipfelhöhe	4.000 m (13.100 ft)
Besatzung	2
Bewaffnung	2 x 7,92-mm-lMG-08/15, 1 x 7,92-mm-Parabellum-MG-14

Junkers J.I

Die J.I war ein Gemeinschaftsprojekt von Junkers und Fokker. Die Abkürzung „Jfa“ für Junkers-Fokker Werke AG ist gut lesbar vor der Seriennummer und auf den Radscheiben angebracht. Diese J.I wurde bei einer Bruchlandung im September 1918 beschädigt, später repariert und wieder in Dienst gestellt.

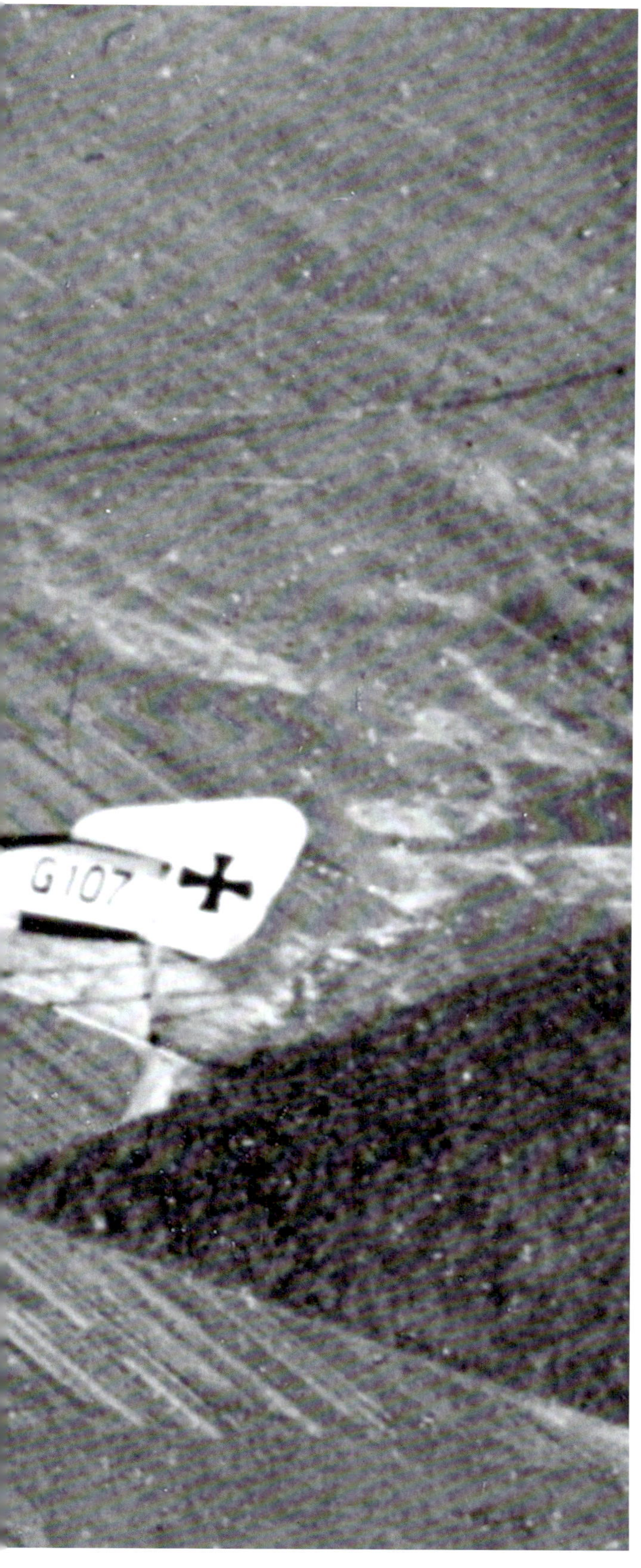

BOMBER UND WASSER-FLUGZEUGE

Der Einsatz strategischer Bomber gegen zivile Ziele führte dazu, dass die Deutschen von ihren Gegnern als Kindermörder beschimpft wurden. Doch die mit Zeppelinen und Flugzeugen geflogenen Einsätze waren erst die Vorboten des Schreckens, die die totale Kriegsführung im nächsten Weltkrieg bringen sollte. Dieses Kapitel behandelt auch die relativ wenigen in größerer Zahl eingesetzten Seeflugzeuge der Kaiserlichen Marine.

DIESES KAPITEL BEHANDELT FOLGENDE FLUGZEUGE:

- AEG G.I bis G.IV
- Friedrichshafen G.III & G.IV
- Gotha G.I
- Gotha G.II bis G.V
- Rumpler G-Typen
- Siemens-Schuckert R-Typen
- Zeppelin-Staaken R-Typen
- Gotha WD-Typen
- Hansa-Brandenburg W.12
- Hansa-Brandenburg W.19
- Hansa-Brandenburg W.29
- Albatros W-Typen
- Zeppelin-Luftschiffe

Die Rumpler G.II war eines der ersten großen deutschen Flugzeuge und kam zur Aufklärung, für Bombenangriffe und sogar als Begleitschutz für kleinere Maschinen zum Einsatz. Dieses Exemplar war bei Kagohl II im Einsatz, als es 1916 über der Ostfront fotografiert wurde.

AEG G.I bis G.IV

Nach dem Bau mehrerer insgesamt unbefriedigender Großflugzeuge lieferte AEG die G.IV. Sie hatte nur eine begrenzte Reichweite, war aber robust und leicht zu fliegen.

Das erste große Kampfflugzeug der AEG, die K.I, machte Anfang 1915 seinen Erstflug. Es sollte als eine Art Luftkreuzer feindliche Flugzeuge bekämpfen und zerstören, konnte aber auch Bomben tragen.

AEG G.I

Die K.I war äußerst vielversprechend, sodass man eine weiterentwickelte Version, die G.I, zur Erprobung unter Einsatzbedingungen an die Front entsandte. Danach wurde AEG von IdFlieg beauftragt, von der verbesserten G.II eine Kleinserie zu bauen, es entstanden 27 Stück. Einsatzerfahrungen zeigten, dass das Konzept des Kampfflugzeugs gescheitert war. Die G.II war zu langsam und schwerfällig, um feindliche Flugzeuge abzufangen. Die IdFlieg stellte offiziell fest, dass sie „im Luftkampf schlecht abgeschnitten hatte, aber erfolgreich eingesetzt wurde als Bomber in Geschwaderstärke".

Nach einigen Geleitschutz-Versuchen kamen die G.II und die leicht verbesserte G.III, von der 45 Exemplare gebaut wurden, nur noch als Bomber zum Einsatz.

GANZMETALLKONSTRUKTION

Die G.IV war eine leistungsfähigere Version mit einem Sechs-Zylinder-Mercedes D.IVa, der den unzuverlässigen Acht-Zylinder-Mercedes D.IV aus der G.III ersetzte. Das Flugzeug war mit seinem geschweißten Ganzmetall-Rumpfrahmen deutlich robuster als zeitgenössische Bomber wie die Gotha und ließ sich wesentlich leichter fliegen. Es hatte jedoch die geringste Reichweite seiner Klasse, sodass es hauptsächlich in der taktischen Rolle

AEG G.IVb

Die G.IVb „Weiße 21" kam 1916 im Rahmen eines Produktionsauftrags für Standard-G.IV heraus. Dieses Muster hatte eine obere Tragfläche mit größerer Spannweite, um eine 1.000-kg-Bombe tragen zu können. Nur sehr wenige Exemplare wurden gebaut.

AEG G.IV

Abmessungen	Länge 9,70 m Spannweite 18,40 m Höhe 3,90 m
Startgewicht max.	3.660 kg
Antrieb	2 x flüssigkeitsgekühlter Mercedes-D.IVa-6-Zylinder-Reihenmotor mit 260 PS
Höchstgeschwindigkeit	165 km/h
Reichweite/Flugzeit	750 km / 5,0 Stunden
Dienstgipfelhöhe	4.500 m (14.800 ft)
Besatzung	3
Bewaffnung	2 x 7,92-mm-Parabellum-MG-14, bis zu 400 kg Bombenlast

AEG G.IV
Diese G.IV mit dem sechseckigen Tarnmuster gehört zur 19. Staffel des Bogohl 4 in Bazuel bei Cambrai. G.IV hatten die geringste Nutzlast ihrer Zeitgenossen, wurden aber wegen ihrer Robustheit und der einfachen Handhabung von ihren Besatzungen geschätzt.

eingesetzt wurde. Dies geschah zunächst bei Tag und Nacht, im späteren Kriegsverlauf fast ausschließlich nur noch im Nachtangriff.

Die G.IV bot nicht nur eine gute Defensivbewaffnung, sondern auch eine Funkausrüstung sowie beheizbare Fliegerkleidung für die Besatzung. Insgesamt entstanden 320 Flugzeuge bis zur Umstellung der Produktion auf die G.V, die jedoch nie zum Einsatz kam.

Für die Deutsche Luft-Reederei wurden nach dem Krieg mehrere G.V zu Verkehrsflugzeugen für sechs Passagiere umgebaut. Sie erwiesen sich für ehemalige Militärflugzeuge des Ersten Weltkriegs als ungewöhnlich erfolgreich.

AEG G.IV
Diese „Weiße VII“ einer unbekannten Einheit im Jahr 1918 ist wohl die auffallendste G.IV. Sie trägt ein furchterregendes Haifischmaul und eine aufgedruckte Rautentarnung, die für den Nachteinsatz schwarz übermalt wurde.

Friedrichshafen G.III & G.IV

Die G-Typen von Friedrichshafen waren nicht so berühmt wie ihre Zeitgenossen von Gotha, vor allem, weil sie nie London bombardierten. Dafür waren sie ohne Zweifel leistungsfähiger und wurden in größerer Stückzahl gebaut.

Friedrichshafen baute eine G.I nach der Kampfflugzeug-Spezifikation der AEG G.I. Das Flugzeug wurde ebenfalls als entwicklungswürdig erachtet, und Ende 1915 nahm man die Produktion von zunächst sechs G.II mit zwei Benz-Bz.IV-Motoren auf. 35 Exemplare der G.II-Serie wurden fertig, bevor man die Produktion auf die G.III mit einem Mercedes-D.IVa-Motor umstellte.

VERBESSERTE HANDHABUNG

Die G.III wurde für ein so großes Flugzeug sehr häufig gebaut. 734 Exemplare liefen vom Band, dazu 138 der sehr ähnlichen G.IV. Die G.III wurde Anfang 1917 in Dienst gestellt und erwarb sich einen guten Ruf. Sie war einfacher zu fliegen und leichter zu landen als beispielsweise die Gotha-Typen und zudem sehr robust. Die G.III bot auch mehr Zuladung als die Gotha und konnte eine Bombenlast bis zu 1.000 Kilogramm mitführen, während die typische Einsatzbeladung etwa 600 Kilogramm umfasste. Sie kam als taktischer und strategischer Bomber zum Einsatz. Die G.III flog vor allem an der Westfront und griff nie London an. Friedrichshafen-Flugzeuge bombardierten aber bekanntermaßen Paris.

Wegen der Gefahr eines Angriffs von unten stattete man die G.III mit dem „Gotha-Tunnel“ aus. Er gab dem Heckschützen die Möglichkeit, nach unten und hinten zu feuern. Diese Variante mit der Bezeichnung G.IIIa hatte ein Doppeldecker-Kastenheck, das die Handhabung vor allem beim Einmotoren-Flug verbesserte. Die G.IIIb war eine weitere Modifikation, die der Besatzung erlaubte, während des Flugs ihre Positionen zu wechseln. G.IV, die letzte Variante, besaß Zugpropeller und hatte keinen Bugschützen. Sie wurde in beträchtlichen Stückzahlen gebaut, doch es ist nicht sicher, ob diese Version bis zum Waffenstillstand zum Einsatz kam.

FRIEDRICHSHAFEN G.III

Abmessungen	Länge 12,65 m Spannweite 23,85 m Höhe 4,14 m
Startgewicht max.	3.795 kg
Antrieb	2 x flüssigkeitsgekühlter Mercedes-D.IVa-6-Zylinder-Reihenmotor mit 260 PS
Höchstgeschwindigkeit	140 km/h
Reichweite/Flugzeit	600 km / 5,0 Stunden
Dienstgipfelhöhe	4.500 m (14.800 ft)
Besatzung	3
Bewaffnung	2 x 7,92-mm-Parabellum-MG-14, bis zu 1.000 kg Bombenlast

Auch wenn sie in größerer Stückzahl auf den Markt kam, erlangte die Friedrichshafen G.III nie den Ruhm der gleich alten, weniger leistungsfähigen Gotha. Nach dem Krieg wurden mehrere Friedrichshafen-Flugzeuge von der Regierung und der Deutschen Luft-Reederei (DLR) betrieben, bis der Versailler Vertrag von 1919 ihren Einsätzen ein jähes Ende bereitete.

Gotha G.I

Die markante Gotha G.I war der erste Bomber der Gothaer Waggonfabrik AG. Sie war kein großer Erfolg, doch das Unternehmen gewann wertvolle Erfahrungen im Bau von Großflugzeugen.

GOTHA G.I

Abmessungen	Länge 12,10 m Spannweite 20,30 m Höhe 3,90 m
Startgewicht max.	2.966 kg
Antrieb	2 x flüssigkeitsgekühlter Benz-Bz.III-6-Zylinder-Reihenmotor mit 150 PS
Höchstgeschwindigkeit	130 km/h
Reichweite/Flugzeit	540 km / 4,0 Stunden
Dienstgipfelhöhe	2.700 m (8.900 ft)
Besatzung	3
Bewaffnung	2 x 7,92-mm-Parabellum-MG-14, bis zu 350 kg Bombenlast

Gotha G.I
Die Gotha G.I bot zweifellos einen beeindruckenden Anblick. Die einzigartige Anordnung der Motoren und des Rumpfes verhinderte zwar wie beabsichtigt Asymmetrie-Probleme im Falle eines Triebwerksausfalls, doch hatte man diese deutlich überschätzt. So war die Bauweise der G.I die Lösung eines Problems, das eigentlich nicht existierte.

Die G.I wurde von Oskar Ursinus, dem Gründer und Herausgeber der Zeitschrift „Flugsport", entworfen. Ein sehr ungewöhnliches Merkmal war der mit der oberen Tragfläche verbundene Rumpf und die darunter angebrachten Triebwerksgondeln. Die Propeller berührten sich fast, um bei einem Motorausfall asymmetrische Flugzustände zu verhindern. Sie drehten auch entgegengesetzt, wodurch die üblichen Drehmomentprobleme wegfielen. Die Position des Rumpfes ermöglichte den Schützen ein außergewöhnliches Schussfeld, bedeutete aber bei einer Bruchlandung den sicheren Tod.

VERWUNDBAR DURCH JAGDFLUGZEUGE

Oskar Ursinus diente bei der Flieger-Ersatz-Abteilung 3, wo der Prototyp seines bemerkenswerten Flugzeugs entstand. Es bekam die IdFlieg-Bezeichnung B.1092/14, wurde aber als FU für Friedel-Ursinus bekannt: Major Helmut Friedel war Oskar Ursinus' vorgesetzter Offizier.

Die FU wurde bei einer Aufklärungseinheit an der russischen Front erprobt. Sie war schwierig zu fliegen, untermotorisiert und strukturell schwach, doch IdFlieg erteilte den Gotha-Werken am 1. April 1915 einen Auftrag über 18 Flugzeuge. Sie wurden hauptsächlich im Osten eingesetzt und flogen zufriedenstellend, waren aber schon in diesem frühen Stadium des Luftkampfes stark von Kampfschäden durch feindliche Geschosse bedroht. So kamen sie meist bei Aufklärungs- und Patrouillenflügen zum Einsatz. Bombenangriffe wurden nur sehr selten ausgeführt.

Auch eine Wasserflugzeugversion kam heraus und erhielt die Bezeichnung UWD. Sie hatte den Spitznamen „Trojanisches Pferd" und war fleissig im Einsatz, unter anderem im Jahr 1916 bei einem erfolgreichen Bombenangriff auf militärische Ziele in Dover. Später diente sie überwiegend als Schulflugzeug für die Besatzungen von Torpedoflugzeugen.

Gotha G.II bis G.V

Die Gotha-Bomber waren die ersten in Serie gebauten Großflugzeuge der Welt. Die große psychologische Wirkung ihrer strategischen Bombenangriffe auf London stand in keinem Verhältnis zum verursachten Schaden.

Gotha-Chefkonstrukteur Hans Burkhard wollte Oskar Ursinus' G.I eine konventionellere Form geben. Dazu verlegte er den Rumpf eines verunfallten Flugzeugs an die übliche Position am unteren Flügel und versetzte die Triebwerksgondeln weiter nach außen. Als Motor diente ein Acht-Zylinder-Mercedes-D.IV mit Schubpropellern anstelle der Zugpropeller-Anordnung der G.I.

Die neue Gotha G.II machte im März 1916 ihren Erstflug. Sie erreichte anfangs noch nicht die von IdFlieg geforderte Bombenlast, was jedoch relativ einfach durch eine Vergrößerung der Spannweite zu beheben war. Das Flugzeug bekam auch ein unübliches Vierrad-Fahrwerk mit Rädern an der Vorder- und Rückseite jeder Motorgondel. Als sich jedoch herausstellte, dass das Fahrwerk zu langen und fast unkontrollierbaren Landungen führte, ersetzte man es mit einem herkömmlichen Hecksporn. In dieser Ausführung entstand eine kleine G.II-Serie von nur elf Exemplaren.

BALKAN-EINSATZ

Acht G.II waren ab August 1916 auf dem Balkan im Einsatz, Einzelheiten darüber sind nicht bekannt. Fest steht lediglich, dass alle Flugzeuge bis April 1917 abgezogen wurden. Der Mercedes D.IV war notorisch anfällig für

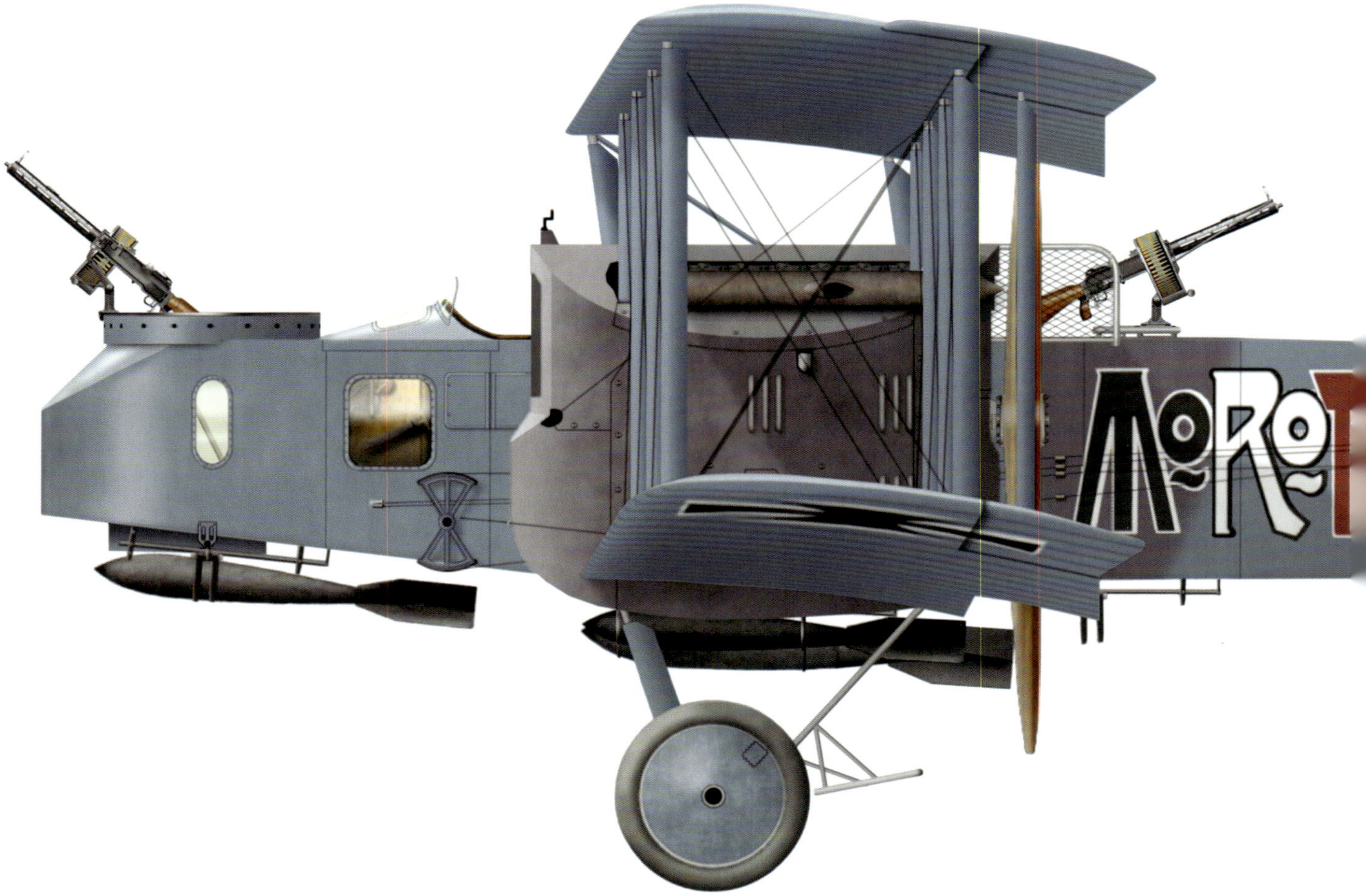

Kurbelwellenschäden. Ein Wechsel zum Sechs-Zylinder-Mercedes-D.IVa erbrachte die Variante Gotha G.III, von der 25 Exemplare gebaut wurden. Sie besaß eine Bauchluke, durch die der Heckschütze nach unten und hinten schießen konnte. Die G.III kam auch an der Balkanfront zum Einsatz. Eine Maschine erzielte im September 1916 einen Treffer auf die rumänische Cernavodă-Brücke, die damals längste Europas – das Bauwerk blieb erhalten.

WAFFENSCHACHT

Die erste Serien-Gotha war die G.IV, die weitgehend der G.III entsprach. Sie hatte aber Querruder an allen vier Flügelspitzen und auch den Gotha-Waffenschacht, eine muldenförmige Aussparung im hinteren Rumpf. Dieser ermöglichte es dem hinteren Richtschützen, nach unten zu schießen. Man hatte den Schacht eingebaut, da die Kanoniere Schwierigkeiten mit der Bauchluke der G.III meldeten. Die Schwächung der Formbeständigkeit durch diesen Waffenschacht wurde mit einer Beplankung des hinteren Rumpfes aus Sperrholz ausgeglichen.

ANGRIFFE AUF LONDON

Die Gotha wurde im Herbst 1916 in Dienst gestellt und ermöglichte erstmals strategische Flugzeugangriffe auf London. Der erste fand am 13. Juni 1917 statt und war der

GOTHA G.IV

Abmessungen	Länge 12,20 m Spannweite 23,70 m Höhe 3,90 m
Startgewicht max.	3.648 kg
Antrieb	2 x flüssigkeitsgekühlter Mercedes-D.IVa-6-Zylinder-Reihenmotor mit 260 PS
Höchstgeschwindigkeit	140 km/h
Reichweite/Flugzeit	490 km / 3,0 Stunden
Dienstgipfelhöhe	5.000 m (16.400 ft)
Besatzung	3
Bewaffnung	2 x 7,92-mm-Parabellum-MG-14, bis zu 500 kg Bombenlast

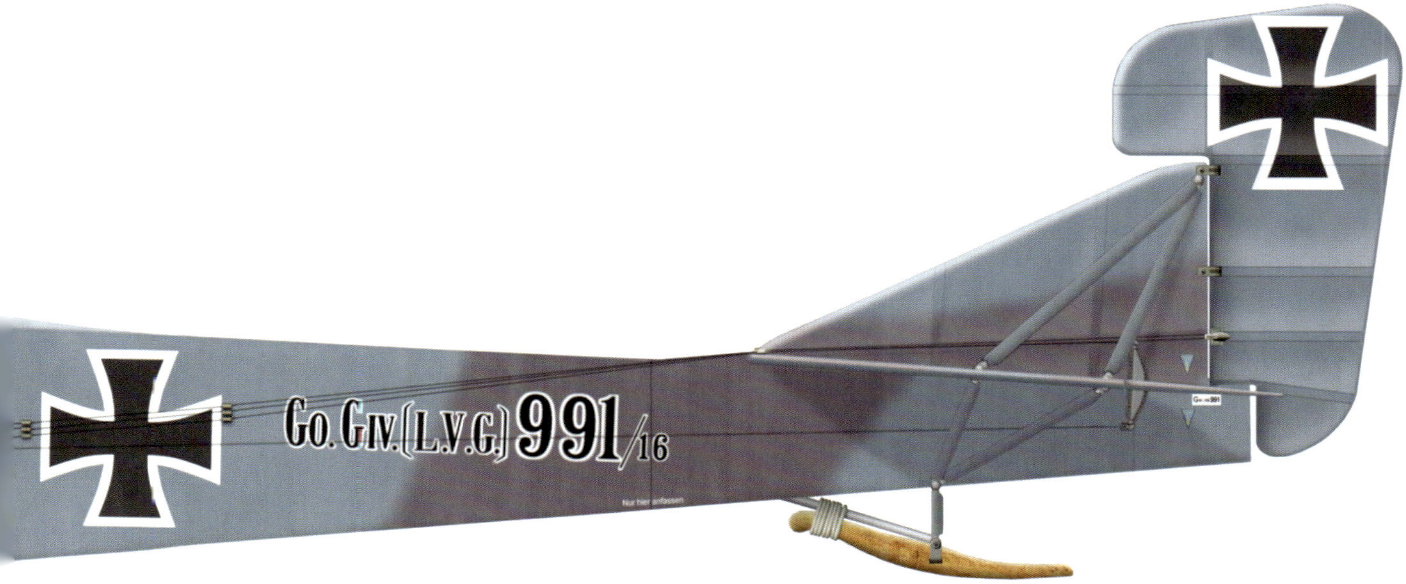

Gotha G.IV

Es gab viele kleine Unterschiede zwischen den Flugzeugen einzelner Hersteller. Diese G.IV der LVG hat zusätzliche Heckstreben. Der Name „MOROTAS" bezieht sich auf die Besatzung aus Leutnant Mons, Leutnant Roland und Hermann Tasche. Dieses Flugzeug stürzte in der Nacht vom 10. auf den 11. November 1917 in ein belgisches Bauernhaus. Hermann Tasche überlebte später den Abschuss seiner G.V über England.

erste Angriff bei Tag auf die Stadt. Alle 20 Flugzeuge kehrten heil zurück. Ihre Wirkung war groß: Allein die 14 an der Bombardierung beteiligten Gothas verursachten Schäden in Höhe von geschätzt mehr als 125.000 Pfund und töteten 162 Menschen.

Der zweite Bombenangriff fand am 7. Juli 1917 statt und forderte 54 zivile Todesopfer. Die Bevölkerung war so aufgebracht, dass es im Osten Londons zu Unruhen kam und die Aufständischen Geschäfte und Häuser von Einwanderern demolierten. Nur vier Tage später änderte König Georg V. den Namen seiner königlichen Familie offiziell in Windsor, um den offensichtlichen Bezug der deutschen Bombenangriffe zum Haus Sachsen-Coburg und Gotha zu verschleiern.

Ab August 1917 kam bei den Angriffen auf London die überwiegend baugleiche G.V neben der G.IV zum Einsatz. Sie unterschieden sich in erster Linie durch die Lage der Treibstofftanks, die man von den Motorgondeln in eine geschütztere Position im Rumpf verlegt hatte. Wegen der nun effektiveren britischen Abwehrmaßnahmen wurden die Angriffe auf London ab September nur noch bei Nacht durchgeführt und dauerten bis zum Mai 1918 an. 24 Gothas wurden dabei abgeschossen, bevor man sich anderen Zielen zuwandte.

Nach Abwurf der Bomben wurden beide Gothas hecklastig und schwer steuerbar. 36 Maschinen gingen so durch Landeunfälle verloren – ein Drittel mehr als durch Feindeinwirkung. 230 G.IV und 205 G.V wurden gebaut. 1919 wurden alle bis auf eine von Polen erbeutete G.IV nach den Bestimmungen des Versailler Vertrags zerstört.

Gotha G.IV

1916 bauten die Siemens-Schuckert-Werke 80 Gotha G.IV in Lizenz. Darunter befand sich auch dieses Exemplar, das am SSW-Zusatz zur Seriennummer klar zu erkennen ist. Die von Siemens-Schuckert (und teils von LVG) gebauten G.IV-Exemplare erhielten ab Werk dieses charakteristische sechseckige grau-, blau- und malvenfarbene Tarnmuster.

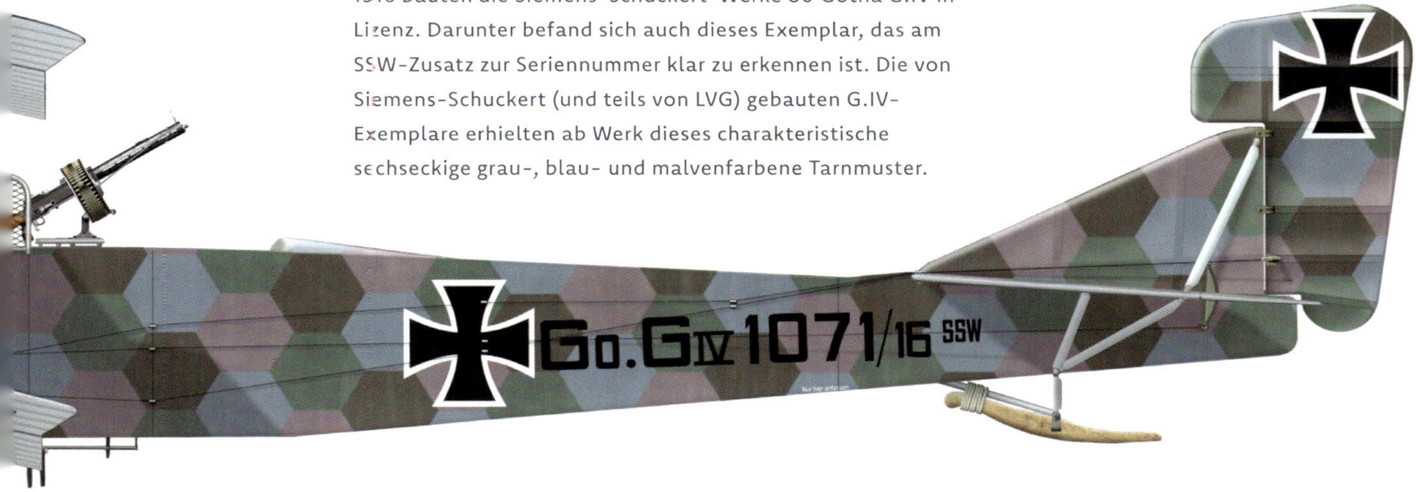

Gotha G.IV

Diese G.IV mit der für das England-Geschwader Kagohl 3 typischen blaugrauen Lackierung ist vermutlich die üppig mit Reptilien verzierte „Schlangenmaschine“ von Walter Aschoff. Aschoff wurde über Großbritannien abgeschossen, überlebte den Krieg und verfasste einen Bericht über seine Erlebnisse mit dem Titel „Londonflüge 1917“.

Rumpler G-Typen

Rumpler produzierte von Anfang 1915 bis Anfang 1917 mehrere große Bombenflugzeuge. Die Rumpler G-Typen erwiesen sich als tüchtig, wurden aber nie in Serie gebaut.

Einige Hersteller arbeiteten an großen Kampfflugzeugen. Rumplers Prototyp 4A 15 kam im März 1915 heraus. Das Flugzeug erregte Aufsehen, als es am 15. März mit zehn Personen auf eine Höhe von 3.200 Metern stieg und am selben Tag mit 16 Personen eine Höhe von 1.800 Metern erreichte, was für damalige Verhältnisse eine enorme Leistung darstellte. Das Flugzeug wurde im April durch einen Vergaserbrand zerstört, doch Rumpler arbeitete bereits an der verbesserten Version 5A, von der 15 Stück ab September 1915 in Kleinserie entstanden. Lediglich vier Flugzeuge wurden als G.I-Version gebaut.

AUFKLÄRUNGSROLLE

Im November 1915 bestellte IdFlieg 24 Exemplare der neuen G.II, die sich von der G.I mit einem Bz.III-Motor hauptsächlich durch den Benz Bv.IV unterschied. Das Flugzeug war anfangs sehr hecklastig, was durch markante Einschnitte an der Hinterkante des unteren Flügels behoben wurde. Die G.II kamen überwiegend bei Kagohl 1 und 2 an der Ost- und Westfront zum Einsatz und waren dort recht erfolgreich. Sie dienten hauptsächlich als Langstreckenaufklärer, dank ihrer relativ schweren Bewaffnung aber auch als Begleitschutz für kleinere C-Flugzeuge auf Bombereinsätzen.

Die letzte Variante G.III erhielt den Mercedes D.IVa zur Leistungssteigerung und traf im Dezember 1916 bei Kagohl 2 ein. Sie hatte ebenfalls mit Hecklastigkeit zu kämpfen, was diesmal durch die Verlagerung der Tragflächen nach hinten behoben wurde. Insgesamt wurden 30 G.III gebaut, von denen einige bis mindestens März 1918 im Einsatz waren.

Zu dieser Zeit hatte Rumpler die Arbeit an großen Flugzeugen eingestellt und konzentrierte sich auf seine äußerst erfolgreiche Zweisitzer-Reihe. Der letzte Prototyp eines schweren Bombers, die 6G4 vom Februar 1918, hatte starke Probleme mit der Steuerung. Da andere Hersteller bessere Flugzeuge bauten, wurde er aufgegeben.

RUMPLER G.III

Abmessungen	Länge 12,00 m Spannweite 19,30 m Höhe 4,50 m
Startgewicht max.	3.620 kg
Antrieb	2 x flüssigkeitsgekühlter Mercedes-D.IVa-6-Zylinder-Reihenmotor mit 260 PS
Höchstgeschwindigkeit	165 km/h
Reichweite/Flugzeit	700 km / 4,0 Stunden
Dienstgipfelhöhe	5.000 m (16.000 ft)
Besatzung	3
Bewaffnung	2 x 7,92-mm-Parabellum-MG-14, bis zu 250 kg Bombenlast

Die Rumpler G.III sah man zwar nicht häufig, hatte aber für ein Flugzeug ihrer Zeit eine ungewöhnlich lange Einsatzdauer. Die zweimotorigen Rumpler flogen hauptsächlich als Aufklärer, waren zuverlässig und bei ihren Besatzungen beliebt.

Mit ihrem bizarren dreieckigen Doppelheck, den im Rumpf verbauten Motoren und dem großflächig verglasten, geschlossenen Cockpit gehörten die Siemens-Schuckert R-Typen zu den seltsamsten Flugzeugen des Kriegs. Die dreimotorigen Ungetüme erwiesen sich im Einsatz trotz der eigenwilligen Kombination ungewohnter Merkmale als erstaunlich zuverlässig.

Siemens-Schuckert R-Typen

Siemens-Schuckert baute zwischen Mai 1915 und Januar 1917 eine Serie von sieben Riesenflugzeugen. Trotz ihrer ungewöhnlichen Auslegung und enormen Größe waren die R-Typen erstaunlich erfolgreich und blieben lange im Einsatz.

Die Brüder Franz und Bruno Steffen entwarfen 1914 ein extrem großes Flugzeug für Siemens-Schuckert. IdFlieg zeigte Interesse und bestellte einen Prototyp, der im Frühjahr 1915 fertig wurde. Das Flugzeug besaß drei im Rumpf verbaute 150-PS-Benz-Bz.III-Motoren, die über Wellen zwei zwischen den Flügeln sitzende Zugpropeller antrieben. Der hintere Teil des Rumpfes war gespalten, der obere und untere Teil bildeten zwei große dreieckige Träger, die im Leitwerk endeten. Diese außergewöhnliche Anordnung ermöglichte ein freies Schussfeld direkt nach hinten. Das Geschütz lag auf Höhe der Tragflächenhinterkante. Der neue Flugzeugtyp trug zunächst die Bezeichnung G.I für Großflugzeug. Nach Fertigstellung änderte man sie in R.I (Riesenflugzeug). Sieben als Serie geplante R.I fielen letztendlich so unterschiedlich aus, dass sie von IdFlieg als eigene Flugzeugtypen und Einzelstücke neue Bezeichnungen von R.I bis R.VII erhielten.

SCHWACHSTELLEN AN DER KONSTRUKTION

Die R.I kam nicht an die Front und diente vermutlich bis zum Waffenstillstand als Schulflugzeug. Durch verschiedene Verzögerungen und Pannen, vor allem verursacht durch die ersten, häufig überhitzenden 240-PS-Maybach-HS-Motoren, kamen auch R.II und R.III nicht mehr zum Einsatz. Auch sie dienten nach Umrüstung auf andere Motoren als Schulflugzeuge. Die erste an der Front war die R.VI mit drei zuverlässigen 200-PS-Benz-Bz.IV. Sie diente von Juli 1916 bis November 1917 an der Ostfront, bis man sie wegen Veralterung aussonderte und zerlegte. Auch die R.IV, R.V und R.VII kamen an die Front. Sie führten Aufklärungsflüge und Bombenangriffe durch, galten aber bald wegen ihrer geringen Geschwindigkeit und der gewaltigen Ausmaße als zu verwundbar und wurden von der Front abgezogen. Sie dienten danach bis Ende 1917 in der Schulung. Es ist nicht bekannt, wann die R-Serie endgültig ausgemustert wurde. Fest steht, dass die R.IV noch im August 1918 in der Luft war.

SIEMENS-SCHUCKERT R.V

Abmessungen	Länge 17,70 m Spannweite 34,33 m Höhe 4,6 m
Startgewicht max.	6.766 kg
Antrieb	3 x flüssigkeitsgekühlter Benz-Bz.IV-6-Zylinder-Reihenmotor mit 200 PS
Höchstgeschwindigkeit	132 km/h
Reichweite/Flugzeit	480 km / 8,0 Stunden
Dienstgipfelhöhe	3.000 m (9.800 ft)
Besatzung	4
Bewaffnung	3 x 7,92-mm-Parabellum-MG-14, bis zu 850 kg Bombenlast

Zeppelin-Staaken R-Typen

Die Zeppelin-Gesellschaft baute nicht nur riesige Luftschiffe, sondern auch gewaltige Flugzeuge. Die beeindruckende R.VI war das größte in Serie produzierte „Luftfahrzeug schwerer als die Luft" des Ersten Weltkriegs.

Paradoxerweise wurde die Entwicklung des größten Flugzeugs, das je die britischen Inseln angriff, durch eine britische Zeitung inspiriert. 1913 lobte die Daily Mail einen Preis von 10.000 Pfund für das erste Flugzeug aus, das den Atlantik überfliegen konnte. Ein Kandidat war gerade in einer Fabrik des Industriellen Robert Bosch im Bau, als der Krieg die Arbeiten unterbrach. Der Luftschiffpionier Ferdinand Graf von Zeppelin überredete Robert Bosch, die Entwicklung fortzusetzen. Die beiden gründeten zu diesem Zweck die Versuchsbau Gotha Ost (VGO). Der Erstflug des dreimotorigen Flugzeugs fand am 11. April 1915 statt. Zu diesem Zeitpunkt hatte IdFlieg bereits die Bezeichnung Riesenflugzeug eingeführt und stellte die drei VGO-Riesen in Dienst. Alle drei kamen an der Ostfront zum Einsatz, die VGO.I zunächst bei der Marine, die VGO.II und III bei den Luftstreitkräften.

Die Produktion der Zeppelin-Riesen wurde 1916 nach Staaken bei Berlin verlagert, wo sie vor Angriffen der Alliierten sicher war. Anfang 1917 kam der nächste Riese auf den Markt, die Zeppelin-Staaken R.IV. Er war eine Weiterentwicklung des VGO-Flugzeugs und verfügte über sechs Motoren, vier Benz Bz.IV in Paaren (jedes Paar trieb einen Propeller am hinteren Ende der Motorgondel an) und zwei Mercedes D.III, die nebeneinander im Bug montiert waren und einen einzelnen großen Propeller antrieben. Die R.IV war ein äußerst erfolgreiches Riesenflugzeug und kam zunächst an der Ostfront und später im Westen zum Einsatz.

Zeppelin-Staaken R.IV
Die R.IV überlebte als einziges frühes Zeppelin-Riesenflugzeug den Krieg. Mit einem Geschütz in jeder Gondel und einem an der Hinterkante des oberen Flügels war sie ungewöhnlich gut vor Angriffen geschützt.

Am 18. Januar flog die R.IV bei einem Gotha-Angriff auf London allein aus dem Nordosten an und zerstörte über Essex den Motor eines angreifenden Bristol-F.2b-Nachtjägers, bevor sie London bombardierte. Eine der Bomben traf eine Druckerei, die als Luftschutzbunker diente. Sie tötete 38 Menschen und verletzte 85, die größte Opferzahl, die eine einzelne Bombe während der Angriffe auf London forderte.

ZEPPELIN-STAAKEN R.VI

Abmessungen	Länge 22,10 m Spannweite 42,20 m Höhe 6,30 m
Startgewicht max.	11.848 kg
Antrieb	4 x flüssigkeitsgekühlter Maybach-Mb.IVa-6-Zylinder-Reihenmotor mit 245 PS
Höchstgeschwindigkeit	135 km/h
Reichweite/Flugzeit	800 km / 10,0 Stunden
Dienstgipfelhöhe	4.300 m (14.100 ft)
Besatzung	10
Bewaffnung	4–7 x 7,92-mm-Parabellum-MG-14, bis zu 2.000 kg Bombenlast

Zeppelin-Staaken R.VI
Die riesigen Zeppelin-Staaken waren die größten Flugzeuge des Ersten Weltkriegs. Dieses Exemplar der meistgebauten R.VI-Variante entstand in Lizenz bei Aviatik und diente im Sommer 1918 bei der Rfa 500 an der Westfront.

ANGRIFFE AUF LONDON

Das bedeutendste Staaken-Flugzeug war die R.VI. Es wurden 18 Exemplare gebaut, davon bis auf sechs alle in Lizenz bei Albatros, Aviatik und Schütte-Lanz. Die R.VI hatte keinen Bugmotor und ein geschlossenes Cockpit. Sie war recht erfolgreich. Nachdem sie ab September 1917 an der Ostfront gedient hatten, verlegte man die R.VI der Riesenflugzeug-Abteilung (Rfa) 501 nach Gent. Von dort aus flogen sie bis Mai 1918 elf Angriffe auf London und warfen 27.190 Kilogramm Bomben auf britische Ziele ab. R.VI flogen die ersten Angriffe mit 1.000-kg-Bomben. Kein einziges Flugzeug ging durch Feindeinwirkung verloren, zwei stürzten bei der Rückkehr zum Stützpunkt ab.

Während des Kriegs entstanden noch weitere sieben Zeppelin-Staaken-Flugzeuge, aber nicht mehr als drei in einem Muster. Vermutlich kamen nur die fünfmotorigen R.XIV noch zum Einsatz. Eine wurde von einer Sopwith Camel in der Nacht des 10. August 1918 abgeschossen.

NACHKRIEGSEINSÄTZE

In der politisch angespannten direkten Nachkriegszeit brachten vier der verbliebenen Riesenflugzeuge deutsche Devisen zur Unterstützung der unabhängigen Ukraine gegen die eindringenden russischen und polnischen Armeen. Ein Flugzeug wurde dabei von polnischen Grenztruppen abgeschossen, eines in Wien interniert und ein weiteres von Rumänien beschlagnahmt, nachdem es vom Kurs abgekommen und in einem Kornfeld notgelandet war.

Es wurde viel über das Potenzial des Riesenflugzeugs als Zivilmaschine diskutiert, aber abgesehen von einigen Werbeflügen (eine R.XVI erschien sogar in einem Spielfilm) waren die Riesen zu teuer und komplex für eine weitere Verwendung. Drei Zeppelin-Schwimmerflugzeuge entstanden auf Basis der nie militärisch genutzten R.VI. Zwei von ihnen dienten für Vergnügungsrundflüge mit jeweils 24 Passagieren über den Havelseen bei Berlin.

Die anno 1917 auf diesem brandneuen Zeppelin-Staaken R.VI herumkletternden Menschen geben einen Eindruck von der schieren Größe des Flugzeugs. Der Mann auf der Tragfläche steht an der Seitentür, von der aus man während des Flugs vom Rumpf zu den Triebwerksgondeln und wieder zurück klettern konnte – kein Gang für schwache Nerven.

Gotha WD-Typen

Obwohl Gotha als Hersteller von schweren Bombern bekannt wurde, produzierte das Werk auch eine Reihe von zweimotorigen Wasserflugzeugen. Eines davon versenkte als erstes deutsches Flugzeug ein feindliches Schiff bei einem Torpedoangriff.

Das später erfolgreichste Gotha-Wasserflugzeug begann als zweimotorige WD.7 – eine Konstruktion mit zwei Schwimmern und zwei Mercedes-D.II-Motoren mit Schubpropellern. Das Flugzeug war als dreisitziges Kampfflugzeug für den Angriff auf feindliche Flugzeuge konzipiert. Schon bei seinem ersten Kampfeinsatz am 5. April 1916 geriet der Prototyp in Brand, und Besatzung und das von den Flammen teilweise zerstörte Flugzeug wurden von den Franzosen gefangengenommen. Die Marine orderte unbeeindruckt weitere sieben Flugzeuge mit schwächeren Motoren zu Schulungszwecken.

In der Zwischenzeit hatte Gotha die WD.11 entwickelt, einen größeren Torpedobomber mit Mercedes-D.III-Motoren, und 17 Stück gebaut. Obwohl untermotorisiert, kam das Flugzeug in der Nord- und Ostsee zum Einsatz. Torpedoangriffe waren schwierig durchzuführen, da die WD.11 beim Abwurf eine Höhe von fünf Metern einhalten musste. Sie wurde mithilfe einer Stange ermittelt, die man vom Rumpf bis zur Wasseroberfläche herabließ. Wegen dieser umständlichen Methode war das Flugzeug stark durch feindliche Angriffe gefährdet. Nach einem deswegen erfolgten Umbau konnte es statt Torpedos zehn 50-kg-Bomben oder eine Antischiffsmine tragen. Auch in der Torpedo-Rolle war die WD.11 recht erfolgreich: So torpedierte und versenkte ein Flugzeug am 14. Juni 1917 den britischen Dampfer S.S. Kankakee in der Themse-Mündung.

WD.14

Von dem verbesserten Muster WD.14 wurden insgesamt 52 Exemplare ausgeliefert, die auch als Torpedobomber konzipiert waren. Doch aufgrund der schlechten Einsatzerfahrungen mit der WD.11 wurden die meisten WD.14 zu Seeaufklärungs- und Patrouillenflugzeugen für weite Entfernungen umfunktioniert.

Die ersten Serienmaschinen hatten eine Kanone im Bug, die später wieder entfernt wurde. Dadurch konnten Pilot und Beobachter nebeneinander im Cockpit sitzen, was ihre Kommunikation erheblich erleichterte. Wurde die WD.14 mit einem abwerfbaren Treibstofftank anstatt ihres Torpedos ausgerüstet, konnte sie beeindruckende achteinhalb Stunden in der Luft bleiben.

Die imposante zweimotorige WD.11 war selten anzutreffen und in ihrer Rolle wenig erfolgreich. Doch der erste erfolgreiche deutsche Torpedoangriff aus der Luft war ein Meilenstein der Kriegsführung, auch wenn er für die Besatzungen äußerst schwierig und gefährlich war.

GOTHA WD.14

Abmessungen	Länge 14,45 m Spannweite 25,50 m Höhe 5,00 m
Startgewicht max.	4.642 kg
Antrieb	2 x flüssigkeitsgekühlter Benz-Bz.IV-6-Zylinder-Reihenmotor mit 200 PS
Höchstgeschwindigkeit	130 km/h
Reichweite/Flugzeit	800 km / 4,0 Stunden
Dienstgipfelhöhe	3.200 m (10.500 ft)
Besatzung	3
Bewaffnung	2 x 7,92-mm-Parabellum-MG-14, 1 x 725-kg-Torpedo

Hansa-Brandenburg W.12

Diese W.12 der Leutnante Urban und Ehrhardt gehörte zu drei Flugzeugen, die am 11. Dezember 1917 das britische Luftschiff C27 aufspürten und zerstörten. Der Sieg wird Christiansen zugeschrieben, Ehrhardt machte von dieser Maschine aus eine Reihe von Fotos dieses Einsatzes. Sie gehören zu den wenigen erhaltenen Luftkampfaufnahmen des Ersten Weltkriegs.

Hansa-Brandenburg W.12

Die W.12 war ein vielseitiges und beeindruckendes Seeflugzeug. Sie war bei Langstreckengefechten gegen Flugboote des Royal Naval Air Service (RNAS) besonders erfolgreich.

Mit der Hansa-Brandenburg W.12 gelang eine deutliche Leistungssteigerung gegenüber einsitzigen Schwimmerflugzeugen wie der Albatros W.4. Sie wurde Ende 1916 von Ernst Heinkel entworfen und machte im Februar 1917 ihren Erstflug. Ihr auffälligstes Konstruktionsmerkmal war das unterhalb und nicht, wie sonst üblich, oberhalb des Flugzeugs angebrachte Seitenruder. Dies sollte dem Heckschützen ein bis dahin unerreichtes Schussfeld verschaffen und konnte durch freitragende Höhenleitwerke, die keine Verstrebungen benötigten, noch verbessert werden. Auch die Tragflächen wiesen keine Drahtverstärkungen auf. Der Schütze konnte somit ungehindert durch sie hindurch schießen, ohne Seilrisse befürchten zu müssen.

Die W.12 bekam einen Benz-Bz.III- oder Mercedes-D. III-Motor. Flugzeuge mit Mercedes-Motor trugen den Kühler in der Vorderkante des oberen Flügels, Flugzeuge mit Benz-Motor in der Nase. Die W.12 zeigte gute Flugleistungen und eine hohe Wendigkeit. Mehrere Probleme verzögerten jedoch die Abnahme des Typs bis August. Inzwischen waren bereits die ersten noch vor dem Prototypen-Erstflug bestellten Serienflugzeuge fertig, und die W.12 wurde noch im selben Monat in Dienst gestellt. Die schlechte Handhabung der ersten Exemplare erforderte, die Rümpfe nachfolgender Serienflugzeuge zu verlängern und zusätzliche Querruder an den unteren Tragflächen anzubringen. Man befürchtete auch, dass der Pilot aus seinem von Streben umgebenen Cockpit unter der Tragfläche im Notfall nur schwer herauskam. Daher erhielten

Hansa-Brandenburg W.12

Diese W.12 war das Flugzeug von Friedrich Christiansen. Er erzielte 13 Luftsiege und erhielt als einziger Pilot eines Wasserflugzeugs die begehrte Auszeichnung „Blauer Max“. Christiansen überlebte den Krieg und wurde Pilot bei der Firma Dornier. 1930 steuerte er die Dornier Do.X, das damals größte Flugzeug der Welt, auf ihrem Erstflug nach New York.

spätere Flugzeuge einen vergrößerten Einschnitt über dem Pilotensitz, der gleichzeitig für eine bessere Sicht nach draußen sorgte.

BESSERE KOMMUNIKATIONSAUSRÜSTUNG

Einsatzerfahrungen bestätigten die gute Eignung des neuen Flugzeugs. Mit seiner Zwei-Mann-Besatzung war es auf Patrouillen noch wirksamer. Die W.12 erhielt später eine Funkausrüstung, die sie deutlich flexibler machte. Wenn die Besatzung ein feindliches Schiff beim Versuch, eine Seeblockade zu durchbrechen, mit einem Bombenabwurf oder Schuss vor den Bug stoppte, konnte es nun über Funk ein anderes Flugzeug anfordern, das den Gegner in den Hafen geleitete.

Die W.12 konnte auch im Luftkampf mit jedem Feind fertig werden. Die Zerstörung des britischen Luftschiffs C27 durch eine W.12 kurz nach ihrer Einführung veranlasste den RNAS, Luftschiffe nur noch in Gebiete ohne deutsche Luftbedrohung zu entsenden. Und sogar die leistungsstarken britischen Flugboote, die bis zu diesem Zeitpunkt relativ unbehelligt allein über der Nordsee Patrouillenflüge gemacht hatten, waren nun gezwungen, in Dreierformation zu operieren. So sollte zumindest ein Flugboot den Einsatz zu Ende bringen und zur Basis zurückkehren können. In Anbetracht der Wirkung auf den Gegner verwundert es kaum, dass die W.12 bei ihren Besatzungen einen guten Ruf hatte. Sie nannten sie, möglicherweise wegen ihrer eigenartigen Rumpfgestalt, mit Spitznamen „Kamel".

Ungeachtet der Einführung des W.29-Eindeckers dienten die W.12 noch bis zum Waffenstillstand weiter. Er bedeutete nicht ihr Ende, und auch die Produktion lief weiter. In den Niederlanden wurden 35 W.12 in Lizenz als Van Berkel W-A gebaut, die bei den niederländischen Marinefliegern noch bis 1933 im Einsatz blieben.

HANSA-BRANDENBURG W.12 (SPÄTE PRODUKTION)

Abmessungen	Länge 9,60 m Spannweite 11,20 m Höhe 3,30 m
Startgewicht max.	1.454 kg
Antrieb	1 x flüssigkeitsgekühlter Benz-Bz.III-6-Zylinder-Reihenmotor mit 150 PS
Höchstgeschwindigkeit	161 km/h
Reichweite/Flugzeit	520 km / 3,5 Stunden
Dienstgipfelhöhe	5.000 m (16.400 ft)
Besatzung	2
Bewaffnung	2 x 7,92-mm-lMG-08/15, 1 x 7,92-mm-Parabellum-MG-14

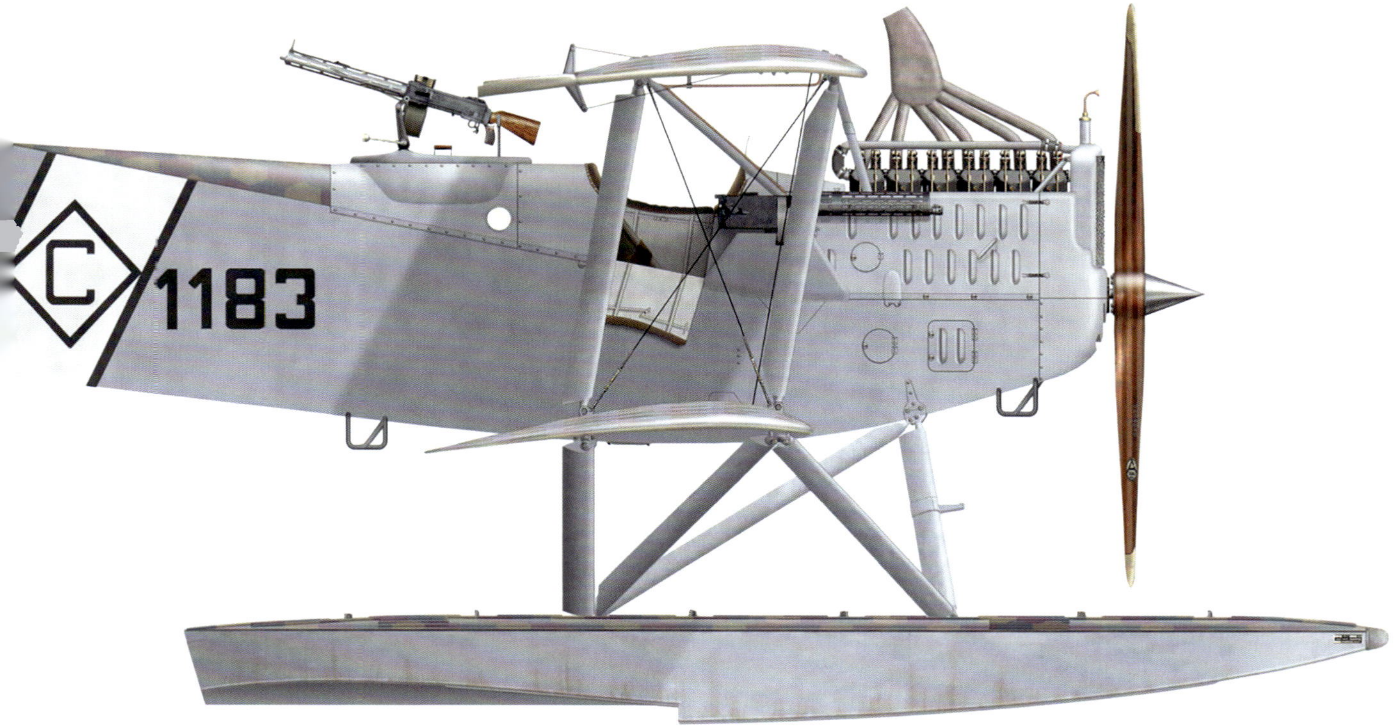

Hansa-Brandenburg W.19

Die W.19 glich in ihrer Grundausführung der W.12, war allerdings wesentlich größer und bot als Flugzeug derselben Kategorie mehr Reichweite.

Die W.19 erhielt den wesentlich stärkeren Maybach Mb. IVa, sodass sie trotz ihrer Größe und höheren Gewichts Ähnliches leistete wie die schwächer motorisierte W.12. Die W.19 machte ihren Erstflug vermutlich im August 1917. Im Frühjahr 1918 gingen die ersten Maschinen zu den Fronteinheiten, und der erste Einsatz des neuen Flugzeugs begann im Mai.

Die W.19 war leichter zu fliegen als die W.12, dafür aber nicht so wendig. Eigentlich sollte sie die ältere W.12 ersetzen, diente aber in der Realität eher als Ergänzung. Vermutlich wurde nur eine Einheit vollständig mit W.19 ausgerüstet.

BEEINDRUCKENDE AUSDAUER

Durch ihre lange Einsatzdauer konnte die W.19 Ziele auskundschaften und die Ergebnisse dann über Funk an die W.12 und W.29 mit geringerer Reichweite übermitteln. Sie besaß aber auch eine hohe Kampfkraft. So griff eine Gruppe von W.19 mit W.12 und W.29 am 11. August sechs britische Motor-Torpedoboote (MTB) an, versenkte drei und zwang die anderen zur Strandlandung in Holland, wo die Besatzungen interniert wurden. Die W.19 schlug sich auch sehr gut im Kampf gegen die in der Nordsee operierenden, stark bewaffneten Felixstowe-Flugboote der RNAS. Sie sollte durch den Eindecker W.33 ergänzt und später ersetzt werden, doch bis Kriegsende waren davon nur sechs Exemplare fertig geworden. Nach dem Krieg flogen mindestens zwei W.19 in Italien, eine wurde an Japan geliefert.

HANSA-BRANDENBURG W.19

Abmessungen	Länge 10,60 m Spannweite 13,80 m Höhe 4,10 m
Startgewicht max.	1.454 kg
Antrieb	1 x flüssigkeitsgekühlter Maybach-Mb.IVa-6-Zylinder-Reihenmotor mit 245 PS
Höchstgeschwindigkeit	151 km/h
Reichweite/Flugzeit	450 km / 5,0 Stunden
Dienstgipfelhöhe	5.000 m (16.400 ft)
Besatzung	2
Bewaffnung	2 x 7,92-mm-lMG-08/15, 1 x 7,92-mm-Parabellum-MG-14

Hansa-Brandenburg W.19
Die W.19 ähnelte der W.12, besaß jedoch Drahtverstrebungen an den äußeren Abschnitten der Tragflächen. Dies ließ sie seltsam halbfertig aussehen, da die inneren Flügelabschnitte wie bei der W.12 keine Verstrebungsdrähte aufwiesen. Das Flugzeug 2207 war das erste Exemplar dieses Typs.

Hansa-Brandenburg W.29
Diese W.29 mit dem Namen „Anne“ gehörte Anfang April 1918 zur Seeflugstation Flandern II in Zeebrugge. Die W.29 hatte statt der großen Auspuffkrümmers der W.12 und W.19 sechs Auspuffstutzen, die aus den Zylindern ragten.

Hansa-Brandenburg W.29

Hansa-Brandenburg entwickelte die W.12 zum Eindecker W.29 weiter. Das hervorragende Flugzeug kam in Deutschland nur noch kurz zum Einsatz, wurde aber nach dem Krieg noch lange in anderen Ländern genutzt.

Die W.29 war zur Reduzierung des Luftwiderstands als halb freitragender Eindecker mit etwa der Fläche zweier W.12-Flügel konstruiert worden. Auf diese Weise konnte mit dem gleichen Motor und derselben Nutzlast eine deutliche Leistungssteigerung erzielt werden. Der Rumpf blieb weitgehend unverändert, und durch den Wegfall des oberen Flügels verbesserte sich noch das schon bei der W.12 hervorragende Schussfeld des Beobachters.

Das Flugzeug wurde im Frühjahr 1918 erprobt und ging im April in Produktion. Serienflugzeuge wurden mit dem Benz Bz.III ausgestattet, vermutlich weil der etwas stärkere Mercedes D.III für ausgewählte Landflugzeuge reserviert war. Nachfolgend verbaute man den deutlich leistungsstärkeren Benz Bz.IIIa, und zuletzt wurden elf W.29 mit dem überragenden BMW IIIa fertiggestellt. Die ständig undichten hölzernen Schwimmkufen waren, wie schon bei der W.12, die einzige Problemzone der W.29. Sie hatten einen wasserfesten Bitumenanstrich und mussten trotzdem regelmäßig getauscht werden. Gegen Ende des Kriegs wurden bessere Kufen aus Duraluminium genutzt.

U-BOOT-EINSATZ

Mit dem weiter verbesserten Erfolgskonzept der W.12 als Grundlage war es keine Überraschung, dass sich die W.29 als neues Wasserflugzeug sofort bewährte. Am 1. Juli 1918 wurden die ersten fünf Exemplare für die Seeflugstation Flandern von Friedrich Christiansen und anderen Besatzungen zu ihrem Stützpunkt in Zeebrugge überführt. Sie gingen schon am nächsten Morgen in den Einsatz. Bereits in der ersten Woche überraschten die W.29 unter Christiansens Kommando das aufgetaucht fahrende britische U-Boot C25 bei Harwich und griffen es an. Maschinengewehrfeuer tötete den Kommandanten, durchschlug den Druckkörper des Bootes und machte es einsatzunfähig. Die Wasserflugzeuge griffen auch das U-Boot E51 und den Zerstörer HMS Lurcher an, als diese versuchten, die C25, inzwischen undicht wie ein Sieb, in Schlepp zu nehmen. C25 überstand den Angriff, obwohl die deutschen Flieger glaubten, sie versenkt zu haben. Dieser Einsatz bewies, dass die W.29 Operationen der Royal Navy sogar in deren heimischen Gewässern stören

Hansa-Brandenburg W.29
Die diagonalen Rumpfstreifen weisen darauf hin, dass diese W.29 auf der Seeflugstation der Insel Norderney stationiert war. Sie trägt die dünneren, im Juni 1918 eingeführten Balkankreuz-Markierungen. Auf dem Rumpf sind noch die übermalten alten Abzeichen in einem etwas anderen Farbton zu erkennen.

HANSA-BRANDENBURG W.29

Abmessungen	Länge 9,36 m Spannweite 13,50 m Höhe 3,00 m
Startgewicht max.	1.494 kg
Antrieb	1 x flüssigkeitsgekühlter Benz-Bz.III-6-Zylinder-Reihenmotor mit 150 PS
Höchstgeschwindigkeit	175 km/h
Reichweite/Flugzeit	520 km / 4,0 Stunden
Dienstgipfelhöhe	5.000 m (16.400 ft)
Besatzung	2
Bewaffnung	2 x 7,92-mm-lMG-08/15, 1 x 7,92-mm-Parabellum-MG-14, bis zu 5 kg Bombenlast (im Cockpit)

konnten. In den letzten vier Kriegsmonaten unterstützten sie die W.12 bei gemeinsamen Einsätzen mit Marineeinheiten, führten Seepatrouillen durch und lieferten sich Gefechte mit den Felixstowe-Flugbooten des RNAS.

UNTER LIZENZ GEBAUT

Die Kaiserliche Marine orderte insgesamt 239 Flugzeuge, von denen 209 bis zum Waffenstillstand fertig wurden. Bei Kriegsende gab es auch Pläne, die W.29 in Lizenz von UFAG in Österreich-Ungarn mit dem ausgezeichneten, von Porsche entworfenen 185-PS-Austro-Daimler-6 zu produzieren. Nur eine wurde jedoch rechtzeitig fertig, zwei weitere erst im Jahr 1919 in der kurz existierenden Ungarischen Sowjetrepublik zu Ende gebaut. Sie dienten bei der 9. Wasserflugzeug-Staffel auf der Insel Csepel nahe Budapest.

IN JAPANISCHEN DIENSTEN

Nach dem Krieg kamen 15 W.29 als Kriegsreparationsleistung auch in Japan zum Einsatz. Japan produzierte das Flugzeugmuster später selbst in großer Zahl. Etwa 64 Exemplare wurden bei Nakajima und 92 bei Aichi als Hansa-shiki Suij Teisatsu-ki (Hansa Modell Aufklärungs-Wasserflugzeug) gebaut. Obwohl sie bei den japanischen Besatzungen nicht sehr beliebt waren, dienten sie noch bis in die 1930er-Jahre, zuletzt zu Schulungszwecken. Anschließend wurden einige in die zivile Luftfahrtrolle eingetragen, und manche erhielten eine Kabine für vier Passagiere.

Ähnlich verlief es in Dänemark. Nach dem Kauf einer W.29 in Deutschland im Jahr 1919 wurden zwischen 1921 und 1927 bei der Orlogsværftet (Königlichen Marinewerft) 15 Exemplare der W.29 mit der Bezeichnung HM.1 gebaut und bis 1930 im Dienst gehalten.

Albatros W-Typen

Die Albatros W.4 war ein Wasserflugzeug-Muster auf Basis der D.I mit zahlreichen Kinderkrankheiten. Nach einer gewissen Zeit entwickelte sie sich aber zum tüchtigen Jäger und blieb bis zum Sommer 1918 im Frontdienst.

Als die Marine ein einsitziges Wasserflugzeug zur Entwicklung ausschrieb, bot Albatros ihr die navalisierte Weiterentwicklung ihres D.I-Jägers an. Er hatte sich als Landflugzeug gut bewährt, war als Wasserflugzeug W.4 wegen des Gewichts und des Luftwiderstands der Schwimmer aber zwangsläufig langsamer und benötigte größere Flügel für zusätzlichen Auftrieb. Auch das Höhenleitwerk musste zum Ausgleich für die größeren Tragflächen vergrößert werden. Bei ersten Probeflügen war das Flugzeug hecklastig. Das Problem wurde durch kürzer versetzte Tragflächen gelöst, und die Steigrate und die Höchstgeschwindigkeit nahmen ebenfalls zu.

UMFASSENDE ÄNDERUNGEN

Die Auslieferung der ersten W.4 erfolgte im September 1916. Danach wurde die Maschine in mehreren kleinen Losen bestellt, und bis Dezember 1917 entstanden so 118 Exemplare. Bei ihren ersten Einsätzen als Wasserflugzeug zeigte die W.4 hervorragende Leistungen, offenbarte aber auch Probleme. Die hölzernen Schwimmer mussten zur Verbesserung ihrer Festigkeit und Seetüchtigkeit häufig umgebaut werden, und die unteren Flügel wurden imprägniert, nachdem sich Schäden an den Flügelholmen gezeigt hatten. Die am Rumpf montierten „Ohren"-Kühler überhitzten bei warmem Wetter. Sie wurden durch einen flügelförmigen Kühler in der Tragfläche ersetzt, und zur Verbesserung des schlechten Steuerverhaltens kamen Querruder an alle vier Flügelspitzen.

Irgendwann waren schließlich alle Probleme überwunden. Obwohl die Schwimmer weiterhin regelmäßig ausgetauscht werden mussten, blieb die W.4 recht lange im Einsatz. Drei Siege errang ihr erfolgreichster Pilot, Viktor Schulz, mit dieser Maschine – eine beachtliche Zahl, da in ihren Einsatzgebieten nicht so viele Feindflugzeuge auftauchten wie an der Westfront.

1918 nahmen die Einsätze der W.4 ab. Im August befanden sich nur noch vier Maschinen an der Nordsee und fünf in der Türkei im Einsatz.

Albatros W.4

Die W.4 Nummer 965 wurde im Februar 1917 zur Flugstation Windau an der Ostsee beordert, da die Marine die größere Vielseitigkeit zweisitziger Wasserflugzeuge erkannt hatte. Der Flugzeugtyp wurde später von der noch erfolgreicheren Hansa-Brandenburg abgelöst.

ALBATROS W.4 (SPÄTE PRODUKTION)

Abmessungen	Länge 8,40 m Spannweite 9,50 m Höhe 3,60 m
Startgewicht max.	1.064 kg
Antrieb	1 x flüssigkeitsgekühlter Mercedes-D.III-6-Zylinder-Reihenmotor mit 160 PS
Höchstgeschwindigkeit	160 km/h
Reichweite/Flugzeit	450 km / 3,0 Stunden
Dienstgipfelhöhe	3.900 m (12.800 ft)
Besatzung	1
Bewaffnung	2 x 7,92-mm-lMG-08/15

Zeppelin-Luftschiffe

Als Waffe mit Kultstatus verkörperten die Zeppelin-Luftschiffe im Ersten Weltkrieg ein neues und furchterregendes Zeitalter der Kriegsführung: die strategische Bombardierung ziviler Ziele. Die gewaltigen, scheinbar unaufhaltsamen Flugzeuge lösten eine Reaktion aus, die in keinem Verhältnis zu den von ihnen verursachten materiellen Schäden stand.

Ferdinand Graf von Zeppelins Interesse an der Luftfahrt entstand vermutlich durch eine Fahrt in einem Beobachtungsballon, an der er im amerikanischen Bürgerkrieg als offizieller Beobachter der Unionsarmee teilnahm. Im Jahr 1900 flog sein erstes eigenes Starrluftschiff, und 25 große Flugschiffe wurden bis zum Ausbruch des Ersten Weltkriegs von der Luftschiffbau Zeppelin GmbH gebaut. Von diesen Flugschiffen kamen einige sehr erfolgreich im Passagierdienst bei der ersten Fluggesellschaft der Welt, der DELAG, zum Einsatz.

Der militärische Einsatz von Starrluftschiffen war eine durchwachsene Angelegenheit. Ab 1908 absolvierte das Heeresluftschiff Z I mehrere erfolgreiche Langstreckenflüge. 1913 hingegen gelangte Wasserstoff in einen Motor des Marineluftschiffs L 2 und löste einen Brand aus. Alle 28 Insassen starben beim Absturz.

Nichtsdestotrotz konnten Starrluftschiffe lange in der Luft bleiben und so schwere Nutzlasten transportieren, wie man bei der Konstruktion dieser Schiffe nicht zu träumen gewagt hätte. So absolvierte das LZ 4 bereits im Juli 1908 einen 12-Stunden-Flug, als der Weltrekord für Flugzeuge bei gerade 59 Minuten lag.

Bei Kriegsausbruch trat neben Zeppelin auch die Firma Schütte-Lanz als Hersteller von Großluftschiffen auf. Deren Flugschiffe waren in mancherlei Hinsicht fortschrittlicher und flogen schneller dank ihres stromlinienförmigeren Körpers. Außerdem wurden effiziente kreuzförmige Leitwerke von Schütte-Lanz eingeführt, die später auch von Zeppelin übernommen wurden. Schütte-Lanz-Luftschiffe waren jedoch weniger robust als die Konkurrenz. Zeppelin nutzte Duraluminium für das Gerüst, Schütte-Lanz verleimtes Holz und Sperrholz. Damit waren diese Schiffe anfälliger für Feuchtigkeitsschäden, besonderes im Einsatz als Marineluftschiff. Trotzdem wurden Schütte-Lanz-Luftschiffe sowohl bei den Luft- als auch den Seestreitkräften eingesetzt.

ANGRIFF AUF LONDON

Der Heereszeppelin Z VI führte am 6. August 1914 über Lüttich den ersten Luftschiff-Bombenangriff des Ersten

ZEPPELIN R-KLASSE

Abmessungen	Länge 198,00 m Durchmesser 23,90 m
Startgewicht max.	63.907 kg
Antrieb	6 x flüssigkeitsgekühlter Maybach-HSLu-6-Zylinder-Hochkompressionsmotor mit 240 PS
Höchstgeschwindigkeit	103 km/h
Reichweite/Flugzeit	7.400 km / –
Dienstgipfelhöhe	3.900 m (12.500 ft)
Besatzung	10
Bewaffnung	7–10 x 7,92-mm-MG-08 oder 7,92-mm-Parabellum-MG-14, bis zu 3.500 kg Bombenlast

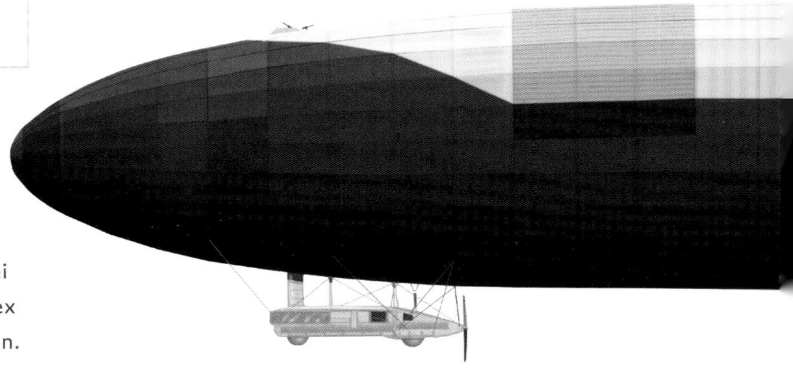

Zeppelin L 33

Der Zeppelin L 33 gehörte zur R-Klasse der deutlich stromlinienförmigeren Super-Zeppeline, die Mitte 1916 erstmals zum Einsatz kamen. Das Luftschiff wurde bereits bei seinem Ersteinsatz durch Flak beschädigt und machte in Essex eine Bruchlandung. Die Besatzung wurde gefangengenommen.

Weltkriegs durch. Da keine Bomben verfügbar waren, setzte man Artilleriegranaten ein. In den ersten Monaten des Jahres 1914 waren die Zeppelin- und Schütte-Lanz-Luftschiffe mit taktischen Aufklärungs- und Bombeneinsätzen an der West- und Ostfront beschäftigt. Am 25. August wurde Antwerpen bombardiert, Warschau am 24. September und Paris erstmalig am 21. März 1915. London kam am 8. September 1915 an die Reihe. Zu diesem Zeitpunkt hatten deutsche Luftschiffe die britischen Inseln bereits angegriffen: Im Januar bombardierten sie mit mäßigem Erfolg Great Yarmouth und Sheringham an der Küste von Norfolk, nachdem sie ihr eigentliches Ziel, die etwa 180 Kilometer nördlich gelegenen Humber-Werften, nicht gefunden hatten. Im darauffolgenden Monat gab Kaiser Wilhelm II. Angriffe auf London frei. Er hatte sie bis dahin aus Rücksicht auf seine Verwandten in der britischen Königsfamilie untersagt und befahl nun, die Bombardierung auf ein Gebiet östlich von Charing Cross zu beschränken.

Im Frühjahr 1916 fanden beinahe regelmäßig Angriffe auf London statt. Am 8. September flog L 13, ein Marinezeppelin unter dem Kommando von Heinrich Mathy, einen spektakulären Einsatz: Während die Bomben auf verschiedene Stadtteile abgeworfen wurden, kreiste er gemächlich über der Stadt. „Er schien absolut ruhig, ohne jede Eile", erinnerte sich ein Zeuge. Innerhalb von nur wenigen Minuten hatte L 13 mit seinen Bomben 22 Menschen getötet und einen Schaden von mehr als 500.000 Pfund verursacht – kein anderer Bombenangriff erreichte diese Höhe. Die Einzelattacke verursachte rund ein Sechstel aller im Krieg von deutschen Luftschiffen angerichteten Zerstörungen. Ein britisches Flugzeug ging bei dem Versuch verloren, den Zeppelin abzufangen. Weitere Luftschiffangriffe folgten, und 1916 war der Höhepunkt der Aktivitäten über London erreicht.

DEMORALISIERUNG

Die Auswirkung dieser Angriffe auf die Stimmung der britischen Bevölkerung war enorm. Sie löste fieberhafte Anstrengungen zur Verbesserung der Luftverteidigung Londons aus. Bereits am 7. Juni 1915 gelang es Reginald Warneford, ein Luftschiff über Belgien durch den Abwurf von Bomben zu zerstören. Am 3. September 1916 schoss William Leefe Robinson die Schütte-Lanz SL 11 über britischem Boden ab. Im weiteren Kriegsverlauf wurden die riesigen Schiffe immer verwundbarer. Nach dem Verlust von SL 11 stellte das deutsche Heer die Luftschiffeinsätze ein. Die Marine führte sie fort und erlitt immer größere Verluste. 1916 wurden zehn Luftschiffe abgeschossen. Auch Heinrich Mathy kam in den frühen Morgenstunden des 2. Oktober 1916 mit seiner Besatzung ums Leben, als eine Sopwith Camel sein Luftschiff L 31 abschoss.

Die Deutschen antworteten mit „Höhenkletterern", leichteren Zeppelinen, die oberhalb der Flughöhe der verteidigenden Jäger operieren sollten. Doch zum Leidwesen der deutschen Besatzungen waren die neuesten britischen Flugzeuge sehr wohl auch in der Lage, solche Einsatzhöhen zu erreichen. Am 5. August 1918 schossen Egbert Cadbury und Robert Leckie in einer DH.4 den neuesten Zeppelin L 70 beim letzten Luftschiffangriff des Kriegs ab. Beide hatten schon zuvor je ein Luftschiff zerstört. Niemand von der L 70 überlebte, und keiner der drei anderen in dieser Nacht angreifenden Zeppeline konnte auch nur eine einzige Bombe über britischem Boden abwerfen. Mit der Besatzung der L 70 starb auch Fregattenkapitän Peter Strasser, der Führer der Marine-Luftschiffe (FdL). Dieser Verlust bedeutete das Ende der strategischen Luftschiff-Bombenangriffe.

Die Zeppelin GmbH hatte bis zum November 1918 über 100 Starrluftschiffe an das Militär geliefert, ergänzt durch etwa 20 Stück von Schütte-Lanz.

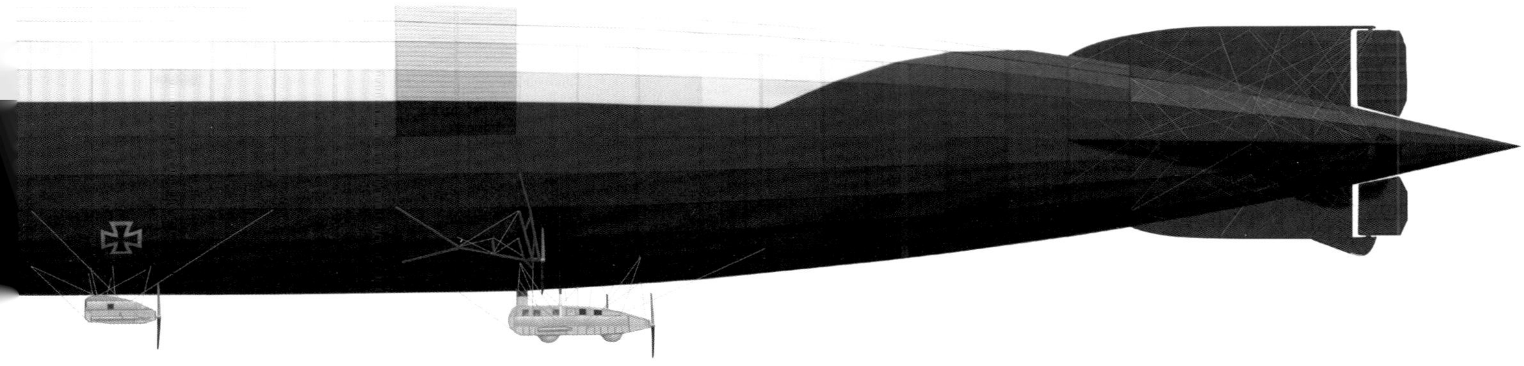

ANHANG

GLOSSAR

Bildaufklärungsflugzeug:
Flugzeug mit Luftbildkamera

Bogohl:
Bombergeschwader der Obersten Heeresleitung (Bombergeschwader unter direkter Kontrolle des Oberkommandos des Heeres)

Feldflieger-Abteilung (FFA):
die ersten Einheiten der deutschen Armee in den Jahren 1914–1915

Flieger-Abteilung (Artillerie) (FA(A)):
Artillerie-Fliegerabteilung

Fliegertruppe:
Name einer Abteilung der Luftstreitkräfte des Deutschen Kaiserreichs während des Ersten Weltkriegs

Fokkerstaffel:
frühe Flugstaffel, die vor der Bildung der Jagdstaffeln mit Fokker-Eindeckern ausgerüstet waren

Großflugzeug:
normalerweise für Bombenangriffe vorgesehen

IdFlieg:
Inspektion der Fliegertruppen: das Büro der deutschen Armee, das die militärische Luftfahrt beaufsichtigte

Jagdgeschwader (JG):
Bezeichnung für einen fliegenden Einsatzverband der Luftstreitkräfte

Jagdstaffel (Jasta):
eine Kampfeinheit

Kagohl:
Kampfgeschwader der Obersten Heeresleitung (Kampfgeschwader unter direkter Kontrolle des Oberkommandos des Heeres)

KEK:
Kampfeinsitzerkommando, Jagd- und Begleitschutz

Kesta:
Kampfeinsitzerstaffel, Abfangjagd (Heimatschutz), eine weitere Vorgängereinheit der Jagdstaffeln

Kogenluft:
Kommandierender General der Luftstreitkräfte

Luftstreitkräfte:
Der Kaiserliche Deutsche Fliegerdienst und alle damit verbundenen Luftfahrtaktivitäten wie Flugabwehr, Heimatschutz und Luftaufklärung wurden im Oktober 1916 zu den Luftstreitkräften vereinigt

Marinelandfliegerabteilung:
freiwilliges Marinefliegerkorps, zu Ausbildungszwecken bis 1919

Riesenflugzeug:
Flugzeuge mit mindestens drei Triebwerken, die alle während des Fluges einsatzfähig waren

Schlachtstaffel (Schlasta):
eine Bodenangriffseinheit

Schutzstaffel (Schusta):
eine Eskorte-Kampfeinheit

Seeflugstation:
ein Marinefliegerhorst

KLASSIFIZIERUNG DEUTSCHER MILITÄRFLUGZEUGE DURCH IDFLIEG

A	unbewaffnete, zweisitzige Eindecker zu Aufklärungszwecken
B	unbewaffnete, zweisitzige Doppeldecker zu Aufklärungszwecken
C	bewaffnete, einmotorige, zweisitzige Doppeldecker zu Aufklärungszwecken
CL	leichtere, zweisitzige Variante der C-Flugzeuge, die ursprünglich als Begleitjäger gedacht waren, später aber hauptsächlich für Bodenangriffe eingesetzt wurden
D	bewaffnete, einmotorige, einsitzige Jagdflugzeuge
Dr (F)	bewaffnete Jagddreidecker
E	bewaffnete Jagdeindecker – diese Bezeichnung umfasste zunächst bewaffnete Zweisitzer-Eindecker. Neue Eindeckertypen wurden bei Kriegsende als D (Einsitzer) oder CL (Zweisitzer) bezeichnet.
G (auch K)	Großflugzeug, große, zweimotorige Bomber (ursprünglich K für Kampfflugzeug)
GL	leichte Variante des G-Typs, ab 1917 im Einsatz
J	Schlachtflugzeug, gepanzertes Infanterieflugzeug
N	Nachtbomber, modifiziertes C-Flugzeug
R	Riesenflugzeug, bewaffnete, mehrmotorige (mindestens drei Triebwerke), schwere Bomber, ab 1916 im Einsatz

FOTOHINWEISE

Fotos:
AirSeaLandPhotos: 6, 7, 35, 51, 59, 60, 70, 72, 82, 86, 89, 93, 98, 102, 108, 109, 112, 113
Getty Images: 8 (Keystone-France/Gamma-Rapho)
Stock.Adobe.com: 3 (Shawn)

Grafiken:
alle Grafiken stammen von Ronny Bar, mit Ausnahme von:
52/53, 67, 101 top, 111 (Amber Books)
120/121 (Edward Ward)

WWW.WIELAND-VERLAG.COM

Jeffrey Judge

Enzyklopädie
Die Kaiserliche Marine
im Ersten Weltkrieg

Alle Schiffe, Daten, Kommandanten und Kriegseinsätze

Hardcover
213 x 285 mm
320 Seiten
über 400 Abbildungen
ISBN: 9-783-948264-29-1
EUR 59,90

Das Buch bietet einen umfassenden Überblick über die Kaiserliche Marine – die Seestreitkräfte des Deutschen Kaiserreichs. Mit vielen Fotos, einige bisher unveröffentlicht, werden die Kreuzer, Torpedoboote, Kanonenboote, U-Boote und andere Schiffe ausführlich dargestellt, einschließlich der Linienschiffe, die im Ersten Weltkrieg eine Rolle spielten. Technische Daten zu den einzelnen Schiffen und Schiffsklassen sowie zahlreiche Hintergrundinformationen zu den Schlachten, Kommandanten und dem Verbleib der Schiffe runden dieses Standardwerk ab. Ein ausführliches Stichwortverzeichnis erleichtert das Nachschlagen von Personen, Schiffen und Ereignissen.

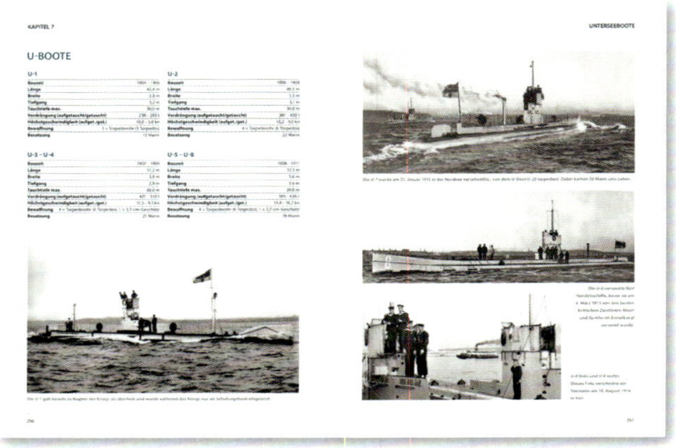